日本産 キートケロス図鑑
The Atlas of Japanese Cheatocerotaceae

はじめに

　キートケロスって、知っていますか？
　我々の会社は、プランクトンやベントス(底生動物)を分析して、この水域には、こんな種類のプランクトンがこのくらい居ました！という報告をするために、毎日朝から晩まで顕微鏡を覗くのを仕事にしています。
　いわゆる生物(プランクトン)屋ですので、社内の人間は植物プランクトン分析の担当でなくてもこの名前は知っていると思います。「へえー、いろんな仕事があるんだな」と思われる方も多いかと思います。
　キートケロスを知っている人は我々の様な仕事をしている者以外では、水産試験場や研究所の方々、海洋生物学、環境科学系の大学関係者、更にはプランクトンマニアくらいで、極僅かな人達ではないかと思います。
　しかし、実はこのキートケロスって、すごいんです！
　なにがすごいって、この地球上の二酸化炭素をもしかしたら一番たくさん吸っている可能性があります。二酸化炭素をたくさん出している人間が本来ならもっと注目しないといけない生物なんです。
　(このことについては、第1章で詳しく解説しております)

　このキートケロスは、主に海産の植物プランクトンの「珪藻(けいそう)」と呼ばれる分類群の仲間ですが、現在は300種類もの多くの登録があります。しかしおそらく約半数前後の登録種は、シノニムや変種の可能性があり、逆に未だ知られていない隠蔽種が存在する可能性があるなど、まだまだ未解明な生物であると言えます。
　実際に私は水生生物分析の会社を始めて35年が経過し、毎日この植物プランクトンを顕微鏡下で覗いていても、とにかく種類や量が多く「ほんとにこのキートケロスはこの種で良いのだろうか？」と悩む毎日でした。
　いわゆる分析屋泣かせの生物でしたが、国内においてこの生物分類群を網羅した図鑑が無く、以前から正確な分類に基づく図鑑を作らなければならないという思いを持っていました。最近まで既存の仕事に追われ、研究ができませんでしたが、自由な時間を取れるようになり数年前からこのキートケロスのためだけに動くようになりました。
　キートケロス科は、バクテリアスツルム属とキートケロス属の2つの属で構成されます。日本近海で出現する仲間は概ね60種程度です。本書では、これら60種について、形態分類では、光学顕微鏡と走査型電子顕微鏡、更に同定ポイントの1つである刺毛と呼ばれるものの表面微細構造確認のため、北海道大学電子科学研究所の最新の走査型電子顕微鏡(MAX倍率＝100万倍)を使った画像を中心にそれぞれの種の同定ポイントや、間違い易い種類、休眠胞子を見ないと正確な分類ができない種など、また生態についても日本各地で継続的に採集した生のサンプリングデータを元に記載しました。
　更に殆ど全ての種において、単離培養後にDNA解析を行い、掲載写真の種のDNA登録も行っており、掲載種の画像に紐付きのDNAを確認できる (QRコードにてDNAの登録画面の参照)貴重な資料としても使える図鑑と致しました。
　また単離培養後に休眠胞子の形成も行いキートケロス属の内、18種については培養により休眠胞子を形成させることができました。
　さらに、底泥中にある本属の最終形態の休眠胞子については、日本でも数少ない珪藻の休眠胞子の研究を行い、これらの論文を多数出されている石井健一郎博士にも執筆戴きました。専門家のみならず一般の人でも興味を持ち、誰でも使える様に、写真検索や誤同定されやすい種、栄養細胞が似ていて種の判別が困難な種に関してはタイプ分けを行い、一覧表に別途記載し、採集方法や検鏡方法などについても分かり易く記載致しましたので、お手元において長くお使い戴けたら幸いです。

内野 英一

本書の特徴と見方

　本図鑑は、10年近く、太平洋沿岸域（主に神奈川県小田原沿岸）、日本海沿岸（富山県滑川市沿岸他）、オホーツク沿岸（紋別地先、網走沿岸）など継続採集地点以外にも単独のスポット採集ではありますが、瀬戸内海（岩国市沿岸）他宍道湖、中海、九州、四国、東北などの各地点の採集サンプルを分析した結果を反映しております。

　そして、生の状態のキートケロス科の生態写真、培養細胞の写真を生物顕微鏡と走査型電子顕微鏡を使い掲載しております。さらに、それぞれの種に対応する遺伝子解析をキートケロス科の分類が可能な2つの領域で測定した結果を登録し、形態情報に紐づいたDNA情報を参照できます。

1. **本書で使用している名称や略号**

    LM ＝ 光学顕微鏡
    SEM ＝ 走査型電子顕微鏡
    TEM ＝ 透過型電子顕微鏡
    RS ＝ 休眠胞子
    頂軸長 ＝ Apical axis
    ガードル面 ＝ 殻帯面
    バルブ面 ＝ 殻面
    マントル ＝ 殻套

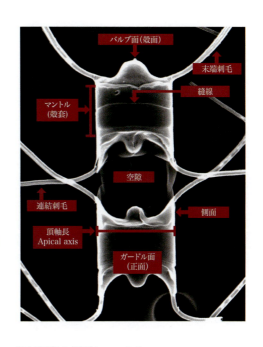

2. **出現時期**

　第2章の図版に記載の生態情報（出現地点と時期）は独自に過去の実際の採集調査による結果を基に集計したデータであり、例年必ず出現するものではありません。あくまで参考として下さい。

3. **掲載種名に関して**

　2024年 AlgaeBase（※）を参考として、種名及び synonym（同義語）を掲載しています。

　出現種は日本沿岸域で実際に出現した種を掲載し、形態分類で不確定な種や近年の研究により新たに登録された種に関しての情報も掲載致しました。

　本図鑑に用いた顕微鏡画像は、現場サンプル中及び培養株中の細胞を撮影しました。培養株中の撮影は、培養初期段階で撮影を行い、天然株中の細胞と形態学的な差異が無かったことを確認しました。

　　※ AlgaeBase：藻類の世界的な種のデータベース

4. **遺伝子解析結果のQRコードによる確認方法について**

　メインの種別図版の後半に、QRコードを記載しておりますので、スマートフォン等でご確認頂けます。この遺伝子情報は、NCBI（The National Center for Biotechnology Information ＝アメリカの国立バイオテクノロジー情報センター）の登録画面で確認できます。なお、本書に掲載されている種名と、遺伝子解析に基づき登録された種名が異なる場合がありますのでご注意下さい。これは、形態と遺伝子情報が未整理であることに起因しており、今後、これらの整理が必要であると考えております。

　出現状況が非常に稀で、DNA解析ができていない種類や、本書製作締切りに登録まで間に合わなかった種の掲載、および登録アドレスが変更となった場合に備え全種を網羅する遺伝子登録QRコードを別途ここに記載致しましたので、2段階の検索が必要ですが、右記のQRコードより一度種別検索に入っていただきそこから再度、目的種のリンクを選択して戴くと幸いです。

日本産 キートケロス図鑑
～ キートケロスの全て ～
キートケロスが地球を救う ＝ 地球で最もCO_2を吸っているのは誰だ！？

はじめに
本書の特徴と見方（同定方法 & QRコード）

CONTENTS

第1章 キートケロスの基礎知識 　　　　　　　　　　　　　　　P.   6
　1. キートケロスって何者？ 　　　　　　　　　　　　　　　　P.   8
　2. キートケロスの発見と分類体系 　　　　　　　　　　　　　P. 11
　3. キートケロスの利用 　　　　　　　　　　　　　　　　　　P. 13
　4. *Chaetoceros* 属の基本形態と生活史 　　　　　　　　　　P. 14
　5. *Chaetoceros* 属の栄養細胞の同定ポイント 　　　　　　　P. 18
　6. *Chaetoceros* 属の休眠胞子の形態と種同定方法 　　　　　P. 21

第2章 キートケロス図鑑 　　　　　　　　　　　　　　　　　　P. 24
　1. 掲載種
　　　A. 代表種写真 　　　　　　　　　　　　　　　　　　　　P. 26
　　　B. 検索表 　　　　　　　　　　　　　　　　　　　　　　P. 28
　　　C. 種名リスト 　　　　　　　　　　　　　　　　　　　　P. 30
　2. 種別図版
　　　Bacteriastrum　　6種 　　　　　　　　　　　　　　　P. 32
　　　Chaetoceros　　61種 　　　　　　　　　　　　　　　P. 44
　　　Attheya　　1種 　　　　　　　　　　　　　　　　　　P. 146
　3. 形態分類のタイプ分け　（栄養細胞だけでは分類できない種類）P. 148
　4. 刺毛表面構造一覧表　（SEM写真一覧と形態特徴） 　　　　P. 151
　5. 休眠胞子一覧表　（LM、SEM画像と図） 　　　　　　　　P. 158
　6. 分子系統 　　　　　　　　　　　　　　　　　　　　　　　P. 162

第3章 調査・分析方法 　　　　　　　　　　　　　　　　　　　P. 166
　1. 調査目的と採集 　　　　　　　　　　　　　　　　　　　　P. 168
　　　①目的　②採集方法　③サンプルの固定　④サンプルの濃縮
　2. 海産浮遊珪藻の観察 　　　　　　　　　　　　　　　　　　P. 170
　　　①生物顕微鏡　　　　　　　②倒立顕微鏡
　　　③走査電子顕微鏡（SEM）　④透過型電子顕微鏡（TEM）
　　　⑤プレパラートの作成　　　⑥SEM試料の作成方法
　3. 単離培養と休眠胞子形成 　　　　　　　　　　　　　　　　P. 175
　　　①目的　　　　②器具・機材　　③微細藻類の単離
　　　④容器や培地の滅菌操作　　　　⑤培養器
　　　⑥使用培地の種類　　　　　　　⑦培養条件
　　　⑧藻類の保存方法　　　　　　　⑨休眠胞子の誘導
　4. 遺伝子解析方法 　　　　　　　　　　　　　　　　　　　　P. 180
　5. データ集 　　　　　　　　　　　　　　　　　　　　　　　P. 182

参考文献 　　　　　　　　　　　　　　　　　　　　　　　　　P. 186
検索表 　　　　　　　　　　　　　　　　　　　　　　　　　　P. 189

謝辞
おわりに

第1章 キートケロスの基礎知識

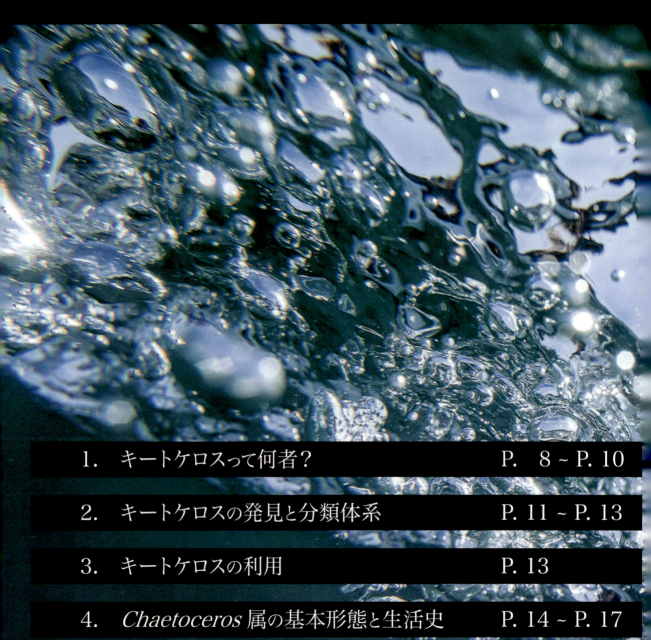

1.	キートケロスって何者？	P. 8 ~ P. 10
2.	キートケロスの発見と分類体系	P. 11 ~ P. 13
3.	キートケロスの利用	P. 13
4.	*Chaetoceros* 属の基本形態と生活史	P. 14 ~ P. 17
5.	*Chaetoceros* 属の栄養細胞の同定ポイント	P. 18 ~ P. 20
6.	*Chaetoceros* 属の休眠胞子の形態と種同定方法	P. 21 ~ P. 23

1．キートケロスって何者？

キートケロスとは、複数の細胞が連なっている藻類という意味で直訳すると数珠藻という事になります。Chaetoceros科は、主に汽水から海水中に生息する植物プランクトンで、珪酸質の骨格を有する珪藻類の一分類群です。最大の特徴は、刺毛と呼ばれる長く細い構造を伸ばすことです。多くの種がこの刺毛を連結させて連鎖群体を形成し、一見すると梯子かムカデのように見えます。

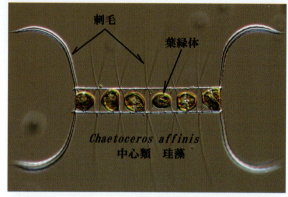

この刺毛は、浮遊のためと、上位動物群に捕食されないようにこの刺が発達したものと考えられております。そしてこの刺毛が魚の鰓の損傷により、養殖魚の死亡の原因になる事も危惧されています。ガラスの骨格内は、葉緑体があり、水中の塩類を栄養として、光合成により二酸化炭素を吸収する重要な独立栄養生物です。

珪藻には、付着性種(主に羽状類)と浮遊性種(中心類)がありますが、大きな違いがあります。それは、殻の厚さです。

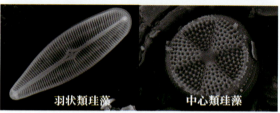

円心類珪藻であるキートケロスは、羽状類珪藻(右図下段左)に比べて殻が薄く、特に観察時、電子顕微鏡を使用する場合は、真空にするため、殻が割れてしまう場合が多々あります。

そしてキートケロスの生息域は、世界の汽水〜海洋全体ですので、純淡水にはおりません。植物プランクトンなので、光合成の必要があり、有光層に限定されます。生物量が多くなると透明度は低下し有光層も浅くなるので一概には言えません。

海洋の食物連鎖は、概ね4段階に分けられます。その底辺をなすものが、植物プランクトンです。そしてその連鎖は、サイズの小さいものが大きいものに順に捕食されて、頂点には大型魚類が居る三角形をしています。これはあくまで仮定であり、実際には、段階を飛ばして捕食が行われる場合も多々あります。そしてその量ですが、図のように、食物連鎖が1段、段階が下がると、そのバイオマス(生物資源量)は、10倍〜100倍となります。すなわち、1kgの魚一匹を養うには、最低でも10kgの小魚が必要と言う事です。食物連鎖の底辺は、植物プランクトンですので、海の中で一番多いものが植物プランクトンと言うことになり、殆ど海の中は、植物プランクトンだらけと言うことです。

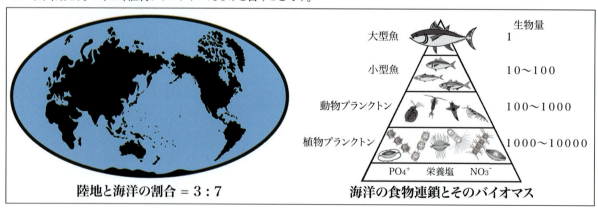

資源量算定は、非常に難しい問題があります。地球上の陸地には、山あり谷あり砂漠があり、熱帯雨林のように、植物が繁茂している所もあれば、砂漠や高山のように殆ど植物がない場所もあります。海の中も同じで、透明度の高い海ほど、生物量が少なくなります。確かに海洋は、陸地より圧倒的に多い面積を持ちますが、この中で一様に同じ濃さで植物プランクトンが居るわけではなく、また季節により種類や数は大きく変動しますので、地球規模でこの植物プランクトンの資源量(現存量)を算定することは、できなくは無いですが、大変な時間と労力が掛かります。

植物プランクトンを主要な分類群別に大別すると、藍藻類、黄色鞭毛藻類、珪藻類、渦鞭毛藻類、クリプト藻類、ラフィド藻類、ミドリムシ藻類、緑藻類となりますが、この中で最も高頻度で、多く出現し、生物量としても多いものが海の場合は珪藻類です。近年の研究ではこの珪藻の増減が、二酸化炭素の増減と相関関係にあるという報告があります。いわゆる水温上昇や、日射量の増加に伴い、海の中では、この植物プランクトンのブルーム（大増殖）の発生時期に、二酸化炭素が減少するという事象です。さらに地球上の二酸化炭素は、この珪藻が地球全体の20-30%を吸収していると言う事が、分かってきました。

赤道付近の海域では、広義では、この植物プランクトンの範疇ですが、2μm以下のピコ植物プランクトンと言われる藍藻類を主体とする生物が優占することも知られております。

2020年(R2)には、国立環境研究所、東京海洋大学、北海道大学、国立極地研究所などのチームが、南極海の二酸化炭素吸収について調査を開始しました。南極海は世界の海で、クロロフィルa量が最も高く、世界一生物量の高い海域とされております。これによると、海洋で吸収される二酸化炭素の内、この南極海で全体の40%位が吸収されているのではないかとする報告もあります。さらに進んで、この珪藻の中で最も多い種類は何かと言うことです。

日本の南極海の調査ですが、衛星からの画像解析の結果ですので、その色等で大まかな分類群（珪藻やラフィド藻類など）までは分かる様ですが、科や属の分類群を判定するのは、難しい様です。しかしながら、2016年に世界の大洋（インド洋、地中海、北大西洋、紅海、南大西洋、南大洋、南太平洋の全46地点）で採集された既知のプランクトンに属する遺伝子配列で発見された79属のうち、*Chaetoceros* 属が最も多かったとの報告があります。

これはあくまでDNAのリード数※ですので、バイオマスを表すものではありませんが、この結果からは、キートケロスが珪藻の中で最も多い可能性が出てきました。

種類	リード数割合
Chaetoceros	23.1%
Fragilariopsis	15.5%
Thalassiosira	13.7%
Corethron	11%
Leptocylindrus	10.1%
Actinocyclus	8.7%
Pseudo nitzschia	4.4%

（※ 参考文献：No. 075 より引用）

※リード数とは、DNAシーケンスにおける塩基対の推定配列数で、1細胞の塩基数は種により異なるが、珪藻類だけで見る場合は大きな差は無いものと思われる。
　基本的にリード数が多ければ、量的にも多いと言える。

南大洋の *Chaetoceros*

Chaetoceros bulbosus

Homotypic synonyms : *Dicladia bulbosa* Ehrenberg 1844, *Chaetoceros atlanticus* f. *bulbosus* (Ehrenberg) Hargraves 1968

Heterotypic synonyms : *Chaetoceros radiculus* Castracane 1886, *Chaetoceros schimperianus* G.Karsten 1905, *Chaetoceros bulbosus* f. *schimperianus* (G.Karsten) Heiden 1928

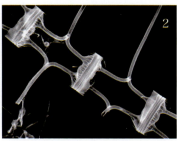

Chaetoceros dichaeta Ehrenberg 1844

　Chaetoceros bulbosus の特徴的な刺毛は、基部が球根状で先端に向かって細くなっています。南極大陸周辺海域（S45°〜S65°付近）でよく確認されています。
　また、Priddle と Fryxell (1985) によって「*C. bulbosus* 複合体」と呼ばれ、これには *atlanticus*、*bulbosus*、*schimperianus*、および *cruciata* が含まれます。

Chaetoceros sp.(cf. *atlanticus* var.)

Chaetoceros bulbosus

写真提供
1. オーストラリア南極局
　Rick van den Enden 氏
4. 高橋 啓伍 博士

サンプル提供
2. 3. 高橋 啓伍 博士

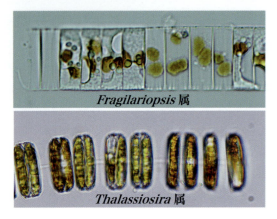
Fragilariopsis 属

Thalassiosira 属

2021〜22年、オホーツク海のブルームは、共に3月〜4月に発生しました。

特に紋別や網走では、冬季は、海が結氷しており、3月後半から海明けと同時にブルームの発生があり、珪藻類がこの時期繁茂します。いわゆる解氷明けの時期ですが、氷に付着していた *Fragilariopsis* 属や *Thalassiosira* 属がこの時期解氷により優占種として出てきますが、約1ヶ月後には、これらの種類は影を潜め、*Chaetoceros* 属が優占上位に上がります。そして渦鞭毛藻類が出てくると珪藻は激減しますが、その中でも *Chaetoceros* 属は、現存し、夏が過ぎ水温が下がり始めた頃に秋のブルームに突入します。

オホーツク海においては、春のブルームに比較し、秋の方がその量は多くはありませんが、これは水域や年により異なりますので、なんとも言えません。

以下の写真は、2023年5月相模湾沿岸でネット採集した時の、顕微鏡写真です。春の珪藻ブルームです。

珪藻の内、ほとんどが *Chaetocoers* 属であることが分かります。写真上にある種だけでもキートケロス10種を数えます。

しかし、このキートケロス科は、AlgaeBaseでは、300種以上の登録があり、その全てを把握するのは大変難しいことです。

以上の事から、地球上で一番二酸化炭素を吸収している生物群は、もしかしたらキートケロスが最も多い可能性もあり、熱帯雨林の保全のみならず、海洋環境にもより注目する必要性があると言うことです。

そしてこのキートケロスが現在進行しつつある地球温暖化を食い止める手段となる可能性もあり、二酸化炭素を沢山出している人類こそキートケロスについて、珪藻についてより深く理解し何らかの有効な対策が必要ではないでしょうか?

化石燃料の大量使用と森林伐採により50年前の地球より確実に二酸化炭素は、増加しており地球温暖化に拍車がかかり、世界では今まで経験しなっかった規模の自然災害が多発している中、単に化石燃料の消費を減らすだけではすでに間に合いません、せめて増えた分の二酸化炭素量を元に戻す必要性があります。

この時、これら海洋の浮遊珪藻を取り巻く環境が今後もより良いものである様、人間はより具体的な奇策妙計は無いものでしょうか?

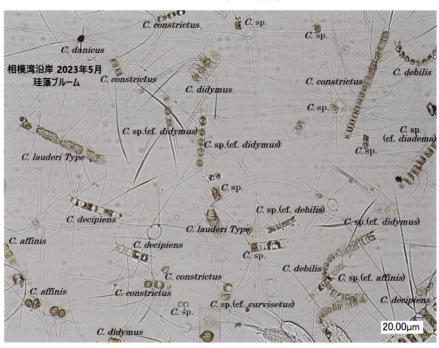

第1章 キートケロスの基礎知識

2. キートケロスの発見と分類体系

キートケロス科は*Bacteriastrum*属と、*Chaetoceros*属の2つの属に分けられている。

*Bacteriastrum*属(1854年提唱)の命名者は、イギリスの植物学者 George Shadbolt（ジョージ・シャドボルト1817–1901）、*Chaetoceros*属 (1844年提唱)はドイツの博物学者 Christian Gottfried Ehrenberg(クリスチャン・ゴットフリート・エーレンベルク1795-1876)により命名された。

2属の主な違いは*Bacteriastrum*属が1細胞あたり10本以上の刺毛を伸ばすのに対し、*Chaetoceros*属は1細胞あたり1～4本の刺毛を伸ばす点である。

Christian Gottfried Ehrenberg
出典：Wikipedia

※ Chaetoceros科は、現在は、*Bacteriastrum*属と*Chaetoceros*属の2属のみであるが、過去に*Chaetoceros*属として扱われていた*Attheya*属の1種も図版の最終ページに記載した。

Shadbolt や Ehrenberg は、共に生物学者だが、同時に顕微鏡や顕微鏡写真に精通しており、本種の発見から次々と様々な種の登録が行われたのは、顕微鏡の進化も大きく関わっている。

生物学の発展は、この顕微鏡の発展によるものと言っても過言ではない。そこで、顕微鏡の歴史についても、簡単に図にしたので参照されたい。

顕微鏡の歴史(概略)

1	ザハリヤス・ヤンセン	オランダ	1590年
2	ロバート・フック	イギリス	1655年
3	カール・ツァイス	ドイツ	1846年
4	日本へ本格輸入開始	日本	1887年
5	国産初田中式顕微鏡	日本	1907年
6	エム・カテラの製作	日本	1912年
7	日本光学(ニコン前身)	日本	1917年
8	高千穂製作所(オリンパス前身)	日本	1919年
9	世界初電子顕微鏡	ドイツ	1931年
10	国産初電子顕微鏡	日本	1940年
11	国産＝海外	日本	1955年
12	SEM 100万倍	日本	2007～11年

1. 顕微鏡の発明は、1590年オランダのザハリヤス・ヤンセンにより発明され、2枚のレンズを組み合わせた単純なものだった。
2. 1655年イギリスのロバートフックにより、接眼レンズと対物レンズの組み合わせの顕微鏡が製作された。これを使い、生物観察記録をまとめた"Micrographyia"が作られ、初めて細胞"cell"が紹介された。
3. 1846年ドイツのカール・ツァイスにより顕微鏡製造会社が設立され、さらに発展した。
4. 1887年以降より本格的に日本に海外(ツァイス、ライツ他)の顕微鏡の輸入が始まった。
5. 1907年国産初の顕微鏡を田中杢次郎が(600倍：田中式顕微鏡)を製作。
6. 1912年松本(M)、加藤(KA)、寺田(TERA)の共同で国産顕微鏡が作られ、開発者の頭文字で、"エム・カテラ"と命名された。しかしこの製品でも、海外のものに比べ劣っていた。

7. 1917年日本光学工業（ニコンの前身）が誕生したが、初の顕微鏡は、少し遅れ1925年に"ジョイコ"(765倍)が発売となった。

8. 1919年高千穂製作所(オリンパスの前身)が誕生し、翌年1920年には、600倍の"旭号"顕微鏡が発売された。(右写真)（※オリンパス製品の歴史、品川区/デジタルアーカイブ日本工学成立の前史等参考）

日本初の顕微鏡
"旭号" オリンパス(株)

9. 1931年に世界初の電子顕微鏡が開発され、その3年後1934年に1万倍の電子顕微鏡ができた。

第1章 キートケロスの基礎知識　11

10. 1940年には、日本でも国産初の電子顕微鏡が、大阪大学で完成した。
11. 1955年には、国産の電子顕微鏡メーカが海外の電子顕微鏡に技術的に追いついてきた。
12. 2007年頃から国産メーカの走査型電子顕微鏡の最高倍率が100万倍まで上がった。そして現在は、日本の電子顕微鏡(日本電子や日立)が世界のトップを走っている。

遠藤 吉三郎　　　　高野 秀昭

光学顕微鏡の性能においては、徐々に色収差を消したアクロマートレンズや光を効率よく当てるためにコンデンサーの開発などがあり、近年更に蛍石レンズを使用したアポクロマートレンズの開発などにより開口率、分解能が向上し、微細構造を見たいという欲望が満たされていった。

AlgaeBaseでは、2024年7月現在Chaetocerotaceaeは、約290種に及ぶが、現在日本近海で出現する種類は概ね60種程度である。(研究が進むと増える可能性がある)そしてこれらの種の発見登録も種数が多いだけに沢山の生物学者や海洋学者、分類学者が携わっている。種登録の多い順では Cleve や A.Henckel & P.Henckel、F.Schutt、H.H.Granなど多くの研究者が本属の登録を行っており、日本においても、遠藤吉三郎(K.Yendo；1874年明治7年～1921年大正10年) 井狩二郎(J.Ikari；1889年明治22年～1937年昭和12年)、高野秀昭(Takano；1927年昭和2年～2005年平成17年)らにより登録がおこなわれたが、近年は、イタリアナポリの研究チームらが精力的に新種記載を行っており種数は増加している。

近年は、この形態分類だけでなく、遺伝子解析による分類も徐々に増加しつつある。

光学顕微鏡の中でも、生物顕微鏡(透過像)と金属顕微鏡(表面の反射像)のように、電子顕微鏡にも透過型電子顕微鏡(TEM)と走査型電子顕微鏡(SEM)があるが、珪藻観察においては、基本的にはSEMによる表面構造を見るのが一般的である。しかし近年はTEMによる内部構造などの観察も行われ始めている。

上の写真は、走査型と透過型を兼ねた2022年では最新鋭の最高倍率100万倍の日立ハイテクの電子顕微鏡(SU8230)である。(※図版の主なSEM画像はこの北海道大学電子科学研究所に導入されたものを使用した。)

また藻類のデータベースである、AlgaeBaseやDiatomBaseには、本科の登録は多数ある。

形態分類と遺伝子解析では、当然ながら分類方法が全く異なるので、現時点では互いに相いれない部分があるだろうが、進化の過程でこの溝の深さは徐々に埋まってゆくものと思われる。現在使われている種名は、形態分類を元に命名されたので、これを証明するための一手段として遺伝子解析を行う意味もある。

分類体系

現在使われている分類体系は以下のようになる。

```
        Simonsen（1979）の分類体系
不等毛植物門        Heterokontophyta
珪藻綱              Bacillariophyceae
円心類              Centrales
ビドゥルフィア亜目   Biddulphineae
キートケロス科      Chaetocerotaceae
   1. バクテリアスツルム属    Bacteriastrum
   2. キートケロス属          Chaetoceros
```

```
        Round (1990) の分類体系
珪藻植物門          Bacillariophyta
コアミケイソウ綱    Coscinodiscophyceae
ツノケイソウ亜綱    Chaetocerotophycidae
ツノケイソウ目      Chaetocerotales
キートケロス科      Chaetocerotaceae
   1. バクテリアスツルム属    Bacteriastrum
   2. キートケロス属          Chaetoceros
```

```
        Mann (2019) の分類体系
           （AlgaeBaseで採用）
不等毛植物門        Heterokontophyta
中間藻綱            Mediophyceae
```

　Simonsen（1979）より珪藻綱の下に円心類と羽状類の二つに分かれる大変解り易い分類で長い間使われていた。その後、Round(1990)による分類体系（珪藻の殻、葉緑体の形や数による分類）が提唱されている。Roundでは、従来の分類体系の珪藻綱は珪藻植物門に昇格し3つの綱（①コアミケイソウ綱 Coscinodiscophyceae、②オビケイソウ綱 Fragilariophyceae、③クサリケイソウ綱 Bacillariophyceae）に分けられていた。

　更に、近年Mann(2019)による分類では、上記SimonsenとRoundの中間的な分類体系が提唱され、現在AlgaeBaseでもこの分類体系が使われている。

　日本においては、海域のアセスメント関係やモニタリング調査では、過去データとの整合を取るため、属や科の移籍等は、最新のものを使用し、主たる分類体系は、Simonsenの提唱する分類体系を使用している事が多い。

　今後はこれら分類体系が形態分類だけでなく遺伝子解析の系統樹などから、分類の過程が改定される可能性は十分にあるものと思われる。

3. キートケロスの利用

　現在本属の中で日本の水産業で利用されている種として次の2種：Chaetoceros gracilis と Chaetoceros calcitrans がある。

　この2種は、二枚貝・ウニ・ナマコ・甲殻類の餌として実際に利用されている。

キートケロス・グラシリス、キートケロス・カルシトランスの栄養成分分析例		
	キートケロス・グラシリス	キートケロス・カルシトランス
細胞サイズ (μm)	5～7	3～5
粗タンパク (%)	40.7	35.7
粗脂肪 (%)	16.9	13.4
粗灰分 (%)	25.7	36.8
脂肪酸粗成 EPA (%)	13.1	17.6
脂肪酸粗成 DHA (%)	0.9	1.3

　上の図は、ヤンマー（ヤンマーマリンファーム）の"生物餌料キートセロス"のカタログに掲載されている成分分析結果である。※詳細については、ヤンマーの"生物餌料キートセロス"を参照されたい。

　本種の餌料生物としての有用性で特筆すべきは、脂肪酸組成のEPA含有量である。魚介類との直接的な比較はできないが、魚類の中でもマイワシなどはEPA割合が最も高い食品で、EPA割合は10-11%前後なので餌料生物としても優良であることが分かる。

　海の生態系の一次生産者としての珪藻は、上位の動物プランクトンや魚介類に捕食される。動物プランクトンで最も多いオキアミやカイアシ類でも植物由来の脂肪酸が多数含まれる。必須脂肪酸であるリノール酸、リノレン酸、アラキドン酸の中でも最も有用とされる魚由来のn3PUFA(EPA+DPA+DHA)は、元をたどればこれら植物プランクトンとなる。

　またこの2種以外で、Chaetoceros salsugineus は増殖能力が他の珪藻と比較して非常に速いので、今後餌料生物として期待されている。

4. *Chaetoceros* 属の基本形態と生活史

基本形態

　本属の形態学的な特徴は、細胞殻表面から長く伸びる刺毛(setae)と呼ばれる構造を持つことにあり多くの種はその刺毛を連結させることで群体を形成する。

　Gran(1987)は本属を2つの亜属、すなわち暗脚亜属(Phaeoceros)と明脚亜属(Hyalochaete)に分類した。この分類は、細胞内における葉緑体の配置を基準としており、前者は栄養細胞の刺毛中に葉緑体が陥入しているため、顕微鏡で観察すると刺毛の一部が暗緑色に見える(図1A)。後者にはその特徴が無く、刺毛は無色透明に見える(図1B)。

　これらの亜属はさらに22節に分けられる(Ostenfeld 1903, Gran 1908)。しかし、多くの種、特に小型種に対する形態学的情報が限られているため、この大きな属内の種数を正確に推定することは現状で困難である。

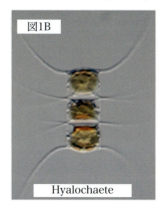

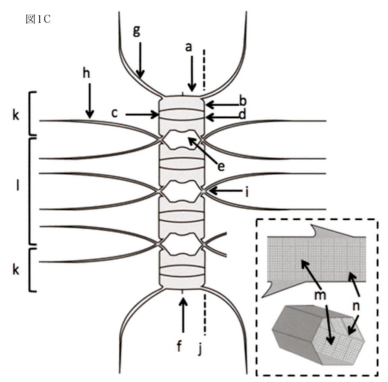

Chaetoceros 属の基本的な形態 (Ishii et al. 2017)
A:暗脚亜属(Phaeoceros)、B: 明脚亜属(Hyalochaete)、C: 形態の模式図
a: 殻面(valve face)、b: 殻套(mantle)、c: 殻帯(girdle)、d: 縫線(suture)、e: 空隙(aperture)
f: 唇状突起(labiate process/rimoportula)、g: 末端刺毛(terminal setae)、
h: 連結刺毛(intercalary setae)、i: 融合点(point of cross over)、j: 殻縁(chain margin)
k: 末端細胞(terminal cells)、l: 連結細胞(intercalary cells)、m: 小孔(poroido)、n: 肋(costae)

Chaeotoceros 属の形態学的研究は、これまで栄養細胞では数多くの研究結果が報告され、同定基準が概ね示されている(例えば Duke et al. 1973, Evensen & Hasle 1975, Rines & Hargraves 1988, Jensen & Moestrup 1998)。

これらの同定基準は、光学顕微鏡を用いた被殻形態の観察・種同定を目的に定められている。本属については、1細胞単位での形態について、殻面(Valve face: 図1C-a)及び殻套(mantle: 図1C-b)、殻帯(girdle: 図1C-c)、縫線(suture: 図1C-d)の形態を確認する必要がある。

ただし、この3つの形態だけで種を同定することはほとんどの場合できない。すなわち、本属の最大の特徴である刺毛が、隣り合う細胞の刺毛と融合することで連鎖群体を形成し、その連鎖形態こそが本属を種同定する際の最も大きな手がかりになる。まず、隣り合う細胞との間にできる空隙(aperture: 図1C-e) の形態は種によって大きく異なる場合が多い。

図1Cのよう殻面中央が盛り上がることで全体としてピーナッツのような形になる種もいれば、空隙そのものが極めて狭く、線のように観察される種もいる。

また、連鎖細胞の末端の細胞は、他の細胞と異なる形態をしていることが多く、種によっては中央に唇状突起(labiate process/rimoportula: 図1C-f)を有する種もいる。

また、末端の細胞が有する刺毛は、他の刺毛とは異なる形態をしていることが多く、刺毛の太さや、刺毛が伸びる方向が異なることがある。このような末端の細胞から伸びる刺毛を末端刺毛(terminal setae: 図1C-g)と呼ぶのに対し、他の刺毛は連結刺毛(intercalary setae: 図1C-h)と呼ぶ。それぞれの刺毛がどのような方向へ伸びているのか(放射方向)も重要な種同定の際の要素になる。さらに、隣り合う細胞をつなぐ刺毛同士が重なり合う融合点(point of fusion: 図1C-i) が、連鎖細胞の殻縁(chain margin: 図1C-j)に対しどこに位置するかも種同定の基準になることがある。

本属の種同定の際には、非常に多くの形態形質を確認する必要があるが、まずは末端細胞(terminal cells: 図1C-k)と連結細胞(intercalary cells: 図1C-l)を識別し、上記の形態形質を一つ一つ確認することが重要である。

電子顕微鏡を用いた詳細な観察からの種同定が可能な種も存在しており、特に刺毛の内部に存在する極微細な胞紋(poroid: 図1C-m)の配置とそれらが整列することで形成される肋(costae: 図1-C-n)も種によって異なることが報告されているが(Lee et al. 2014a,b)、経験上これらの形態は種間で非常に酷似した種も存在することから、これらの構造だけで種同定を行うには注意が必要である。

本種の種同定には、他の形態情報と合わせて、総合的判断に基づく種同定が求められる。

以上を踏まえて、本書は、光学顕微鏡及び電子顕微鏡を用いた観察によって観察可能な各種の形態を示し、種同定の一助となることを目的としている。(石井 健一郎)

生活史 (Life cycle)

Chaeotoceros 属は、他の浮遊性珪藻類と同様に、通常は無性的な分裂を繰り返すことで増殖する(P.16 図2)。無性的な増殖は細胞サイズの縮小を伴うため、一定のサイズまで縮小が進むと配偶子(精子と卵子)を形成し、有性生殖を行い、増大胞子を形成することでサイズ回復を行うことが知られている。

石巻専修大学で長らく教鞭をとられた佐々木洋先生は、1996年に月間海洋/号外の中でこの増大胞子が通常の栄養細胞よりも重くなる(比重が高くなる)ことに注目され、形成された増大胞子が海底にどんどん沈降していく様を『セックスをすると深みにはまる』と表現されている。

ここでいう深みとは海底のことで、場合によっては何千メートルという深さになる。こんな深みに落ちた細胞は、二度と光のある環境(有光層という光合成が可能な深度)まで戻って来ることはできない。珪藻にとっては絶望的な状況、一貫の終わりということになる。ただし、ことはそれほど単純な話ではない。比重を増した増大胞子だが、その全てが海底に落ちていくのではなく、一部は再び光のある水深まで上昇する者もいるそうである。そして、そのような細胞は若返っていきいきとして再び増殖を行うとされている。

この現象を佐々木先生は『セックスは奈落へ落としめるばかりではなく、若返りの妙薬でもあるのか?』という疑問を呈して、その項を閉じられた。

あれから長い年月が経ったが、佐々木先生の提示された問いに対し、明確な答えは未だに示されていないように思う。

佐々木先生は2023年3月に大学を定年退職され、同年9月に急逝されてしまわれた。本来であるなら、本著の出版と同時に、酒でも酌み交わしながら佐々木先生と議論をしたかったところであり、残念でならない。

話が少し外れてしまったが、上記の一連の増殖に対し、栄養塩の枯渇など、増殖に不適な環境では休眠胞子（resting spore）と呼ばれる非増殖性の細胞を形成する種が多く知られている（例えば Garrison 1981、Hargraves & French 1983、板倉ら 1993、Itakura et al. 1997、Oku & Kamatani 1995、1997、1999、McQuoid & Hobson 1996、板倉 2000 ）。

この休眠胞子は、栄養細胞と比較して厚い被殻を有しており、比重が高く、形成後は直ちに海底に沈降してしまう。このため、休眠胞子を水柱で観察できる機会は稀であり、主にセディメントトラップや海底堆積物試料で観察されることが多い（Hargraves & French 1983, Garrison 1984, Suto 2003a,b ）。

運が良ければ、図3のような休眠胞子を観察することができる。すなわち、休眠胞子は栄養細胞被殻の中に形成されるため、休眠胞子が形成された直後であれば、栄養細胞と休眠胞子を同時に観察することができる。

図3では *Chaetoceros diadema* の透明な栄養細胞被殻の中に色素体を有した休眠胞子4細胞が形成されていることが確認できる。

休眠胞子を形成する種の多くは明脚亜属に属することが知られており、暗脚亜属については、これまで1種 *Ch. eibenii* を除いて休眠胞子の形成に関する報告は無い（井狩 1925）。本種の休眠胞子形成は他種と異なり増大胞子から直接形成されるため、他の休眠胞子と比較して非常に大きく、その細胞から発芽してきた細胞もまた大きい（図4）。ただし、細胞分裂を繰り返すことで通常のサイズに戻る。

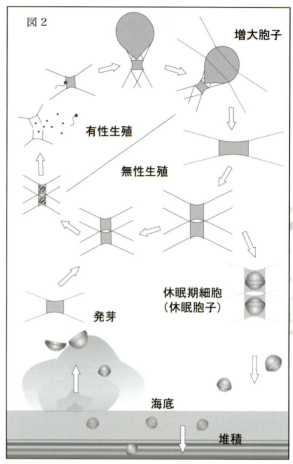

図2. *Chaetoceros* 属の生活史
（石井ら2015）

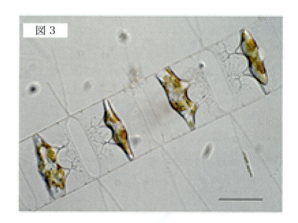

図3. 休眠胞子を形成した直後の *Chaetoceros diadema*
(Ishii et al. 2017一部改変) Scale bar : 20μm

海底の休眠胞子は、海底堆積物の巻き上がりともに水柱へ共有され、発芽を経て栄養細胞として増殖を再開するためのいわゆる種(タネ)の役割を果たしていると考えられている(図5A)。ただし、沿岸の海底に太陽光が届くような水深の浅い場所では、栄養細胞と休眠胞子の複雑な関係性が明らかになっている(Ishii et al. 2022)。すなわち、海底からの巻き上がりが無くとも、浮泥層と呼ばれる海底と水柱の中間的な場所で休眠胞子が発芽・増殖が可能であること(図5B)、また、必ずしも休眠胞子を形成しなくても、栄養細胞のまま海底に沈降し、海底で待機し、水柱で増殖することも可能であることが示唆されている(図5C)。

　このような本属の臨機応変な生活史戦略が沿岸域で本属が卓越できる理由である。

図4 *Chaetoceros eibenii* の休眠胞子と発芽細胞及び栄養細胞
a: 上殻(primary valve)　b: 下殻(secondary valve)
Scale bar : 20μm

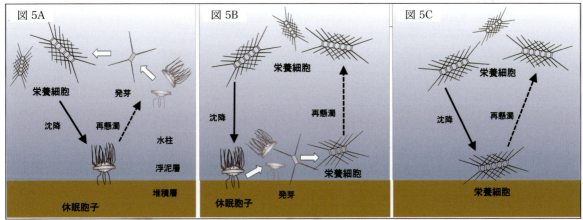

図5. *Chaetoceros* 属の生活史 (Ishii et al. 2022改編)

第1章 キートケロスの基礎知識　17

5. *Chaetoceros* 属の栄養細胞の同定ポイント

　形態分類は、色や形、大きさなどを観察しその特徴から分類・同定する。単純明快である。
　しかし、生物はときによりその姿を変え従来の形とは異なる形を見せることがある。珪藻の場合も同じで、増殖段階や環境変化により体サイズや形態が変化する。種を決める決定打となる形質の特徴が、微弱もしくは消失すると同定不能となる。そういう意味では、形態分類は難しい分類方法と言える。
　そこで本著では近年めざましい発展を遂げた遺伝子解析と共に複数の分類方法を駆使して同定を行った。しかし現行の分類の基本は、あくまで形態分類によるものであるので、このキートケロス科の形態分類のポイントを以下に記載した。
　キートケロス科の形態分類を行うには、まずは光学顕微鏡(LM)によるポイントである。
　検体のプレパラートを作成し対象藻類を探し観察するが、対象物の角度や位置により見え方は異なるため正確に特徴を捉えるには幾つかのポイントがある。
　さらに顕微鏡観察においては、より鮮明に対象物を捉える事が重要であり、巻末に簡単な光学生物顕微鏡の取扱方を記載したので、参照されたい。

A. *Bacteriastrum* 属の特徴

　連鎖状の群体形成を行い、細胞断面(バルブ面)は円筒形、細胞との結合部に複数の刺毛が放射状に伸びる。この刺毛の数は、種により異なり、多いものでは30本以上となる。
　基本形態は、隣り合う細胞から射出した2本の刺毛は結合し群体軸を少し離れたところでまた分岐する。(サキワレケイソウ)末端刺毛と連結刺毛では形が異なり、末端刺毛の射出方向も種を決める上で大きな特徴となる。
　本属は、海産種のみである。

同定ポイントは、群体両端の末端刺毛である。
① 末端刺毛の刺毛の向きを確認し、群体軸側に向くか群体軸の外側に向くかを確認する。
② 連結刺毛の向きと一細胞から出る刺毛の数を確認する。
③ 隣接刺毛との密着状況や、細胞空隙の広さを確認する。

B. *Chaetoceros* 属の特徴

　連鎖状の群体形成を行い、細胞断面(バルブ面)は楕円形〜披針形、細胞どうしの結合部は細胞端の2点から射出した刺毛が伸び、この刺毛により群体形成を行う種が多い。
　細胞内は、葉緑体で満たされており、種によりその形や数が異なる。本属は、以下の2つの亜属に分かれる。

A) Subgenus Phaeoceros　(暗脚亜属)
　　刺毛は太く、多くの場合細胞本体と繋がることで刺毛内にも色素胞を有する。
B) Subgenus Hyalochaete　(明脚亜属)
　　刺毛は細く、多くの場合刺毛内部には色素胞はない。また休眠胞子を作ることが知られている。

　本属は、前属の *Bacteriastrum* 属に比較し種数が多く、また種類によっては、休眠胞子を確認しないと判別しにくい種がある。これら類似種の記載に関しては、種別図版の同定ポイントと類似種の情報、及び第2章-4「形態分類のタイプ分け」を参照されたい。

同定ポイント（LM）

① **群体の形状 → 真っすぐ、捻れる、曲がる、巻くなどの形態を記録する。**
　　種を決定する上で重要なポイントである。

Chaetoceros affinis
直線的で曲がらない
捻じれない

Chaetoceros tortissimus
群体は著しく捻れる
（細胞の形状は同じなので捻じれる
ことで幅が異なるように見える）

Chaetoceros debilis
群体は曲がり、長い場合は
螺旋状に巻く
（巻く方向に注意）

② **空隙（細胞間隙）→ 密着、披針形、広いなどの殻隙の状態を記録する。**
　　種の大きな特徴であるが、間隔は、水深、水温等により大きく変動するので
　　注意が必要であるが、同定する上での重要なポイントである。

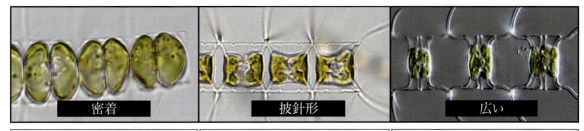

密着　　披針形　　広い

Chaetoceros pseudocrinitus
細胞は密着し空隙がない

Chaetoceros constrictus
空隙は狭く、披針形

Chaetoceros distans
空隙は広く、ピーナッツ型

③ **刺毛 → 太さ、形状、小棘（毛）の有無などを記録する。**
　　刺毛から得られる情報は、沢山あり同定に重要なポイントである。
　　刺毛の付根付近の形状、中央部や、末端の形状、末端刺毛と連結刺毛の違い、
　　特別な刺毛など様々な情報がある。また種により刺毛の表面構造は固有であり
　　高倍率SEM観察により明確な違いが確認できる。

　　A. 末端刺毛　　　→ 連結刺毛との比較
　　B. 連結刺毛　　　→ 太さ、基部、交点の位置
　　C. 特別な刺毛　　→ 連結刺毛との差
　　D. 刺毛の表面構造　→ SEMによる観察

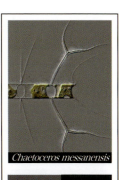

Chaetoceros messanensis

例）
※　右上は、*Chaetoceros messanensis* の刺毛＝連結刺毛の一部が
　　特別に太く他の刺毛とは異なり、また末端刺毛は太くない。
※　右下は、*Chaetoceros radicans* の刺毛、LMでは、明瞭でないが
　　刺毛は真っすぐでなく歪んで見える→SEM画像では明確に小刺毛
　　が確認できる。

Chaetoceros radicans

第1章 キートケロスの基礎知識

④　葉緑体 → 顆粒状、数、平板状などの
　　(細胞内での位置) 情報を記録する。

同一種であっても、また同一サンプル内であっても個体により葉緑体の形状等が異なる場合(右図参照)全て *Chaetoceros affinis* で同じ時期、同じ水域から出現した、葉緑体の形態が異なる細胞である。このように葉緑体は細胞の状態によって変化するようである。例えば、細胞が死んでしまうと葉緑体は萎縮(シュリンク)する。また、分裂途中の細胞の葉緑体は通常とは異なって観察されることがあるので、注意が必要になる。

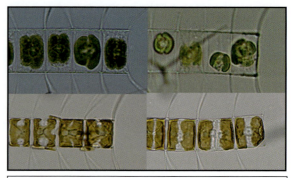

Chaetoceros affinis　4群体

⑤　殻面(バルブ面)形状 → 突起、棘の有無

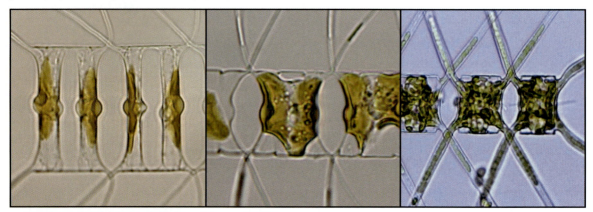

| *Chaetoceros didymus* | *Chaetoceros brevis* | *Chaetoceros atlanticus* |
| 中央部の目立つ大きな突起 | 中央部のわずかな突起 | 中央部の明瞭な棘 |

※上図は、側面画像ですが、その凹凸や棘の状況が確認できる。

⑥　体サイズ → 幅、長さ、高さ

体サイズは採集時の細胞の状態により大きく異なる。

つまり、分裂をする度に体サイズは小さくなり、増大胞子形成直後は体サイズの大きな細胞が観察される。

図版ページはこれまでに観察された各種細胞のサイズの上限と下限を記している。

※ 形態やサイズは、出現時期、細胞サイクルのステージ休眠胞子形成時環境により大きく変化するので注意が必要。

同定ポイント(SEM)

①　殻帯面正面微細構造 → バルブ面の細毛や突起の有無
②　刺毛の中央部微細構造 → 棘の有無と並び方、細孔の有無、その他形状

No.	種名	基部	中央部	先端付近	断面	全体
8	*Chaetoceros affinis*					

※ 第2章-4 (刺毛表面構造一覧表)に全掲載種の　①刺毛基部、②刺毛中央部
　③刺毛先端付近、④刺毛断面についての高倍率SEM画像を掲載したので、参照されたい。

6. *Chaetoceros* 属の休眠胞子の形態と種同定方法

本属休眠胞子の基本的な形態は、一般的な珪藻被殻の形態と類似しており、いわゆる『お弁当箱』の蓋と皿を合わせたような構造をしている(図1)。

図1はFRT樹脂を用いて制作された*Chaetoceros*属休眠胞子の10,000倍模型である。珪藻類の休眠胞子は、上の殻を初成殻 (primary valve)、下の殻を後成殻 (secondary valve) とよぶ。発芽前の休眠胞子は、初成殻が後成殻の上になってマントルとよばれる部位で重なり合って密着している (図1A)。発芽後は、初成殻と後成殻が別れて中から発芽細胞が出てくる。

後成殻には穿孔列 (single ring of puncta) とよばれる穴が並んでおり、初成殻にこの構造はない (図1B)。

ある種の生物を形態学的に分類するためには、対象生物の上下を見分けることが重要となるが、本属では穿孔列が被殻の上下を見分けるための基準になる。

この穿孔列は光学顕微鏡下では観察可能であるが、走査型電子顕微鏡(Scanning Electron Microscopy: SEM)を用いた観察では、後成殻マントルが初成殻マントルに覆われているため、観察することができなくなる。

図2Aは、光学顕微鏡下で *Chaetoceros lauderi* を観察した際の顕微鏡写真である。すなわち、光学顕微鏡による観察では、初生殻マントルの僅か下に位置する後成殻マントルの穿孔列に焦点深度を合わせることで観察可能である。これに対しSEMでは穿孔列の観察は基本的に不可能であるが(図2B)、初成殻と後成殻をばらばらにした場合はSEMによる観察も可能である(図2C)。

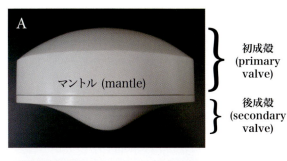

図1. *Chaetoceros*属休眠胞子の基本構造
(石井ら2015より引用)
A: 初成殻と後成殻が重なった状態(発芽前)
B: 初成殻と後成殻が離れた状態(発芽前)
　後成殻には穿孔列(Single ring of puncta)がある。

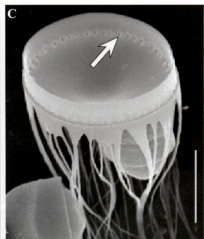

図2. *Chaetoceros lauderi* の休眠胞子　Scale bars = 20μm.
(石井ら2015より引用)
A: 光学顕微鏡による観察。矢印は穿孔列を示す。
B: 電子顕微鏡(SEM)による観察。金属蒸着により穿孔列の観察は不可能となる。
C: SEMによる後成殻の観察。このような状態では穿孔列の確認は可能である。

Ishii et al. (2011)では、2004年4月から2006年1月にかけて、長崎県沿岸の諫早湾および、大村湾長与浦、形上湾において月1回の頻度で、20μmメッシュサイズのプランクトンネットの鉛直引きによる調査がおこなわれた。

　高頻度で捕集されたサンプル中には、栄養細胞中に形成された休眠胞子(図3)がたくさん観察できたため、これら休眠胞子の形態が記録された。休眠胞子の種同定は、休眠胞子を覆う栄養細胞の被殻形態からおこなわれた(図3)。

　休眠胞子が形成された直後であるならば、休眠胞子と栄養細胞が同時に観察できる。ただし、形成後しばらくすると栄養細胞は溶解し、休眠胞子だけの状態になってしまう。つまり、図3のような写真は決定的な瞬間を捉えたものであり、このような写真を得るには四六時中、海水を観察し続けなければならない。根気と根性と執念が必要なのである。

　この研究の結果、18種のChaetoceros属休眠胞子、Chaetoceros affinis Lauder、C. compressus var. hirtisetus Rines & Hargraves、C. contortus Schütt、C. coronatus Gran、C. costatus Pavillard、C. curvisetus Cleve、C. debilis Cleve、C. diadema Ehrenberg、C. didymus Ehrenberg、C. distans Ehrenberg、C. lauderi Ralfs ex Lauder、C. lorenzianus Grunow、C. pseudocurvisetus Mangin、C. radicans Schütt、C. seiracanthus Gran、C. siamense Ostenfeld、C. similis Cleve および C. vanheurckii Gran の出現が確認された。(図4)

図3. *Chaetoceros lorenzianus* の栄養細胞と休眠胞子
（石井ら2015より引用）
Scale bars indicate 20μm.

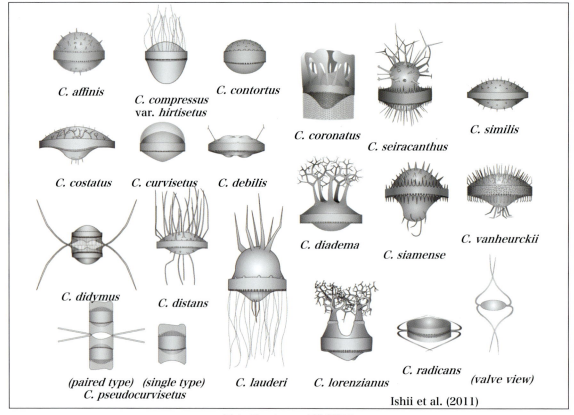

図4. *Chaetoceros*属休眠胞子

これらの詳しい形態観察から、本属休眠胞子はそれぞれの種ごとに極めて特徴的な形態を有していることが明らかになった(図7)。たとえば、*C. diadema* や *C. lorenzianus* の初成殻面 (primary valve face) には dichotomous branching process(枝状棘)という構造があり、他の種についてもspine(棘)やknob(瘤)、sheath(シース)、vein(ベイン)、bristle(剛毛)とよばれる構造がある。

　種同定に利用できる構造物の所在は四つの部位、つまり、初成殻面および初成殻マントル縁辺、後成殻面、後成殻マントル縁辺に大別でき、それぞれの部位にある形態学的特徴を組み合わせることにより種同定が可能であることが示された(図5)。

　しかし、200種以上の現生種が存在するとされる本属に対して、この時に形態が明らかになった種は1割にも満たない。

本著では近年明らかになった本属休眠胞子29種についても形態的特徴の記載を行う。(石井 健一郎)

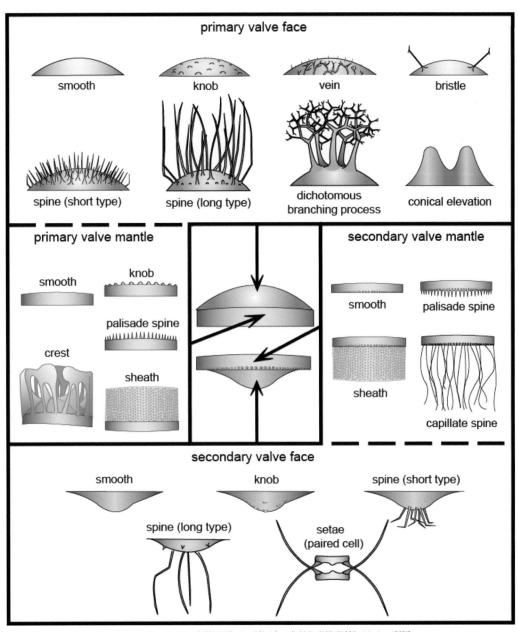

図 5. *Chaetoceros* 属休眠胞子の種同定に有効な形態形質とそれらの配置
(Ishii et al. 2011を引用)

第2章　キートケロス図鑑

1. 掲載種

　　A.　代表種写真　　　　P. 26 ~ P. 27

　　B.　検索表　　　　　　P. 28 ~ P. 29

　　C.　種名リスト　　　　P. 30 ~ P. 31

2. 種別図版　　　　　　　　P. 32 ~ P. 147

3. 形態分類のタイプ分け　　P. 148 ~ P. 150

4. 刺毛表面構造一覧表　　　P. 151 ~ P. 157

5. 休眠胞子一覧表　　　　　P. 158 ~ P. 161

6. 分子系統　　　　　　　　P. 162 ~ P. 165

1. 掲載種　A. 代表種写真

Bacteriastrum				
	B. comosum	B. delicatulum	B. elongatum	B. elongatum

Chaetoceros Phaeoceros 暗脚亜属	 C. aequatorialis	 C. atlanticus	 C. borealis	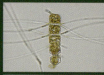 C. castracanei
	 C. danicus	C. densus	C. denticulatus	C. eibenii

Chaetoceros Hyalochaete 明脚亜属	C. affinis	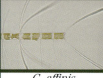 C. affinis	 C. anastomosans	 C. brevis
	C. contortus	C. contortus	 C. coronatus	 C. coronatus
	C. decipiens	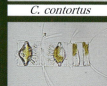 C. diadema	 C. diadema	 C. didymus
	 C. furcellatus	 C. laciniosus	 C. laciniosus	C. lauderi
	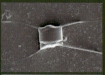 C. muelleri	 C. neogracilis	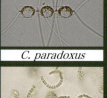 C. paradoxus	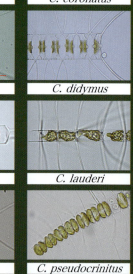 C. pseudocrinitus
	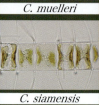 C. siamensis	 C. similis	C. socialis	C. subtilis

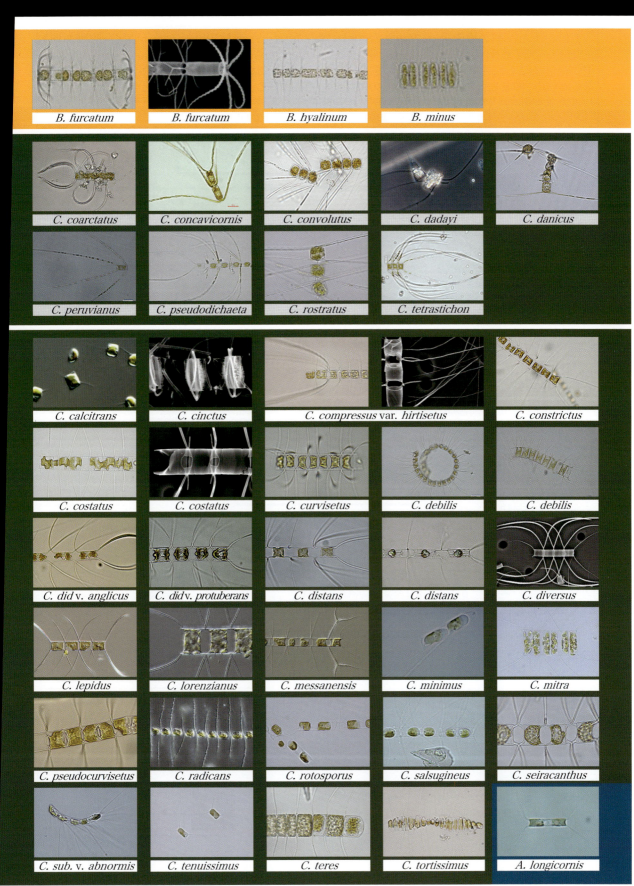

第2章 キートケロス図鑑

B. 検索表

Chaetoceros科の検索表は、*Bacteriastrum*属、*Chaetoceros*属(Phaeoceros亜属=暗脚亜属)、*Chaetoceros*属(Hyalochaete亜属=明脚亜属)の3つから成る。特にHyalochaete=明脚亜属は種類が多いことと、その形態変化が環境により、またステージによりキーとなるポイントが大きく変わる場合があり、検索に合わない場合もあるので注意が必要である。
またを栄養細胞だけでは、種の判別が難しいものもあるので、参考程度にご使用されたい。
※あくまで典型的なタイプの種にのみ対応している。

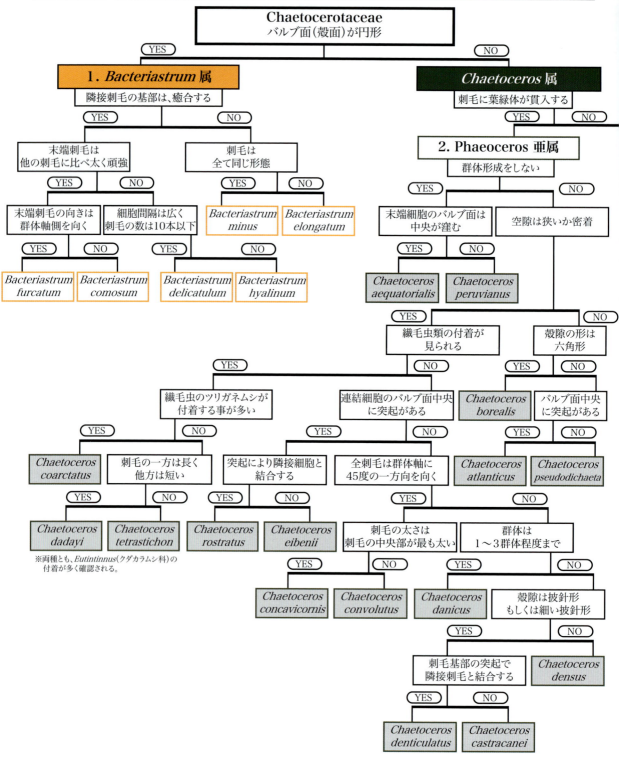

第2章 キートケロス図鑑

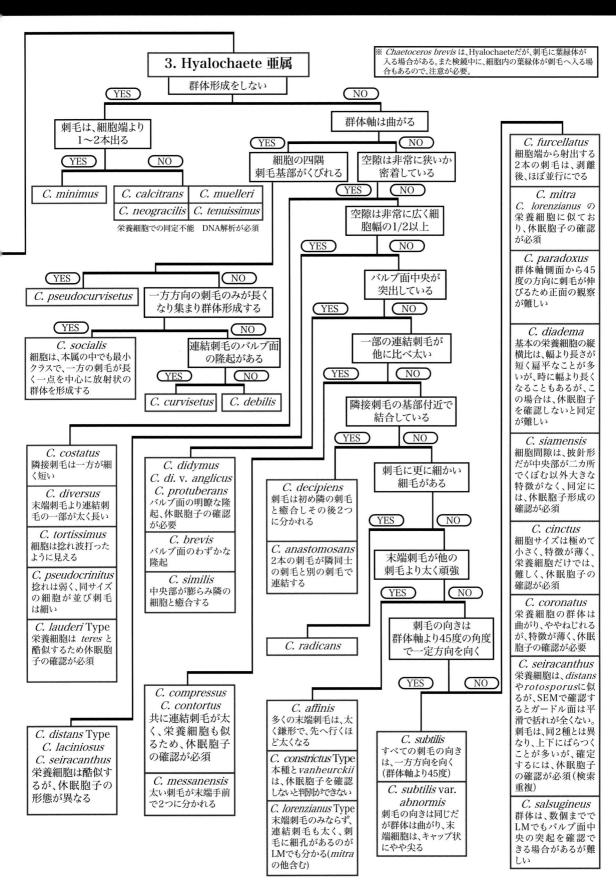

第2章 キートケロス図鑑　29

C. 種名リスト

No.	種名	ページ
1	*Bacteriastrum comosum*	32-33
2	*Bacteriastrum delicatulum*	34-35
3	*Bacteriastrum elongatum*	36-37
4	*Bacteriastrum furcatum*	38-39
5	*Bacteriastrum hyalinum*	40-41
6	*Bacteriastrum minus*	42-43
7	*Chaetoceros aequatorialis*	44-45
8	*Chaetoceros affinis*	46-47
9	*Chaetoceros anastomosans*	48-49
10	*Chaetoceros atlanticus*	50-51
11	*Chaetoceros borealis*	52-53
12	*Chaetoceros brevis*	54-55
13	*Chaetoceros calcitrans*	142
14	*Chaetoceros castracanei* (*danicus* 参照)	74
15	*Chaetoceros cinctus*	144
16	*Chaetoceros coarctatus*	56-57
17	*Chaetoceros compressus* var. *hirtisetus*	58-59
18	*Chaetoceros concavicornis*	60-61
19	*Chaetoceros constrictus*	62-63
20	*Chaetoceros contortus*	64-65
21	*Chaetoceros convoltus*	66-67
22	*Chaetoceros coronatus*	68-69
23	*Chaetoceros costatus*	70-71
24	*Chaetoceros curvisetus*	72-73
25	*Chaetoceros dadayi*	139
26	*Chaetoceros danicus* (*castracanei* 含)	74-75
27	*Chaetoceros debilis*	76-77
28	*Chaetoceros decipiens*	78-79
29	*Chaetoceros densus*	80-81
30	*Chaetoceros denticulatus*	82-83
31	*Chaetoceros diadema*	84-85
32	*Chaetoceros didymus*	86
33	*Chaetoceros didymus* var. *anglicus*	87
34	*Chaetoceros didymus* var. *protuberans*	87
35	*Chaetoceros distans*	88-89
36	*Chaetoceros diversus*	90-91
37	*Chaetoceros eibenii*	92-93
38	*Chaetoceros furcellatus*	94-95

No.	種名	ページ
39	*Chaetoceros laciniosus*	96-97
40	*Chaetoceros lauderi*	98-99
41	*Chaetoceros lepidus*	100-101
42	*Chaetoceros lorenzianus*	102-103
43	*Chaetoceros messanensis*	104-105
44	*Chaetoceros minimus*	106-107
45	*Chaetoceros mitra*	103
46	*Chaetoceros muelleri*	145
47	*Chaetoceros neogracilis*	143
48	*Chaetoceros paradoxus*	108-109
49	*Chaetoceros peruvianus*	110-111
50	*Chaetoceros pseudocrinitus*	112-113
51	*Chaetoceros pseudocurvisetus*	114-115
52	*Chaetoceros pseudodichaeta*	116-117
53	*Chaetoceros radicans*	118-119
54	*Chaetoceros rostratus*	120-121
55	*Chaetoceros rotosporus*	122-123
56	*Chaetoceros salsugineus*	124-125
57	*Chaetoceros seiracanthus*	126-127
58	*Chaetoceros siamensis*	128-129
59	*Chaetoceros similis*	145
60	*Chaetoceros socialis*	130-131
61	*Chaetoceros subtilis*	132-133
62	*Chaetoceros* sp. (cf. *subtilis* var. *abnormis*)	133
63	*Chaetoceros tenuissimus*	134-135
64	*Chaetoceros teres*	136-137
65	*Chaetoceros tetrastichon*	138-139
66	*Chaetoceros tortissimus*	140-141
67	*Chaetoceros vanheurckii* (*constrictus* 参照)	62
68	*Attheya longicornis*	146-147

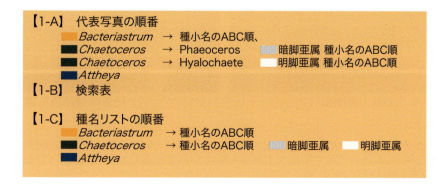

第2章 キートケロス図鑑

2. 種別図版

Bacteriastrum comosum Pavillard 1916

No synonyms

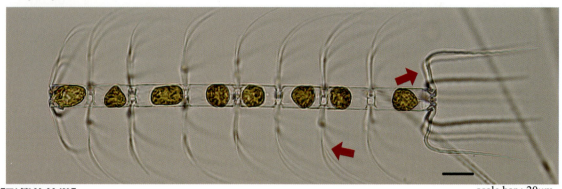

scale bar : 20μm

【形態的特徴】
- 群体は直線的で、捻じれない。
- 末端刺毛は他の刺毛に比べ片側が太く、もう一方の末端刺毛は連結刺毛と同じ形態である。末端刺毛には螺旋状に配置された小棘が並び、これらはLMでも観察できる。刺毛数は細胞端より、6〜8本伸びる。末端棘毛は細胞軸に対して直角に伸びた後、大きく湾曲して細胞軸に沿って平行になり、細胞伸長方向の外側に伸びる。
- 連結刺毛は射出後に隣接刺毛と癒合し、中央付近から2本に分岐する。分岐後、刺毛表面には小棘が螺旋状に並ぶがこれらはSEMでしか観察できない。
- 空隙は広く、円形の窓状に空き、隣接刺毛基部の中間位置に、唇状突起が1〜3個あり、刺毛の数だけ並ぶ。(写真 5)
- 葉緑体は、顆粒状で複数存在する。
- 細胞サイズ(頂軸長)：9〜16μm
- 休眠胞子は確認されなかった。

1. 天然株 ガードル面

2. 天然株 バルブ面

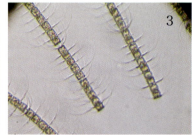
3. 培養株

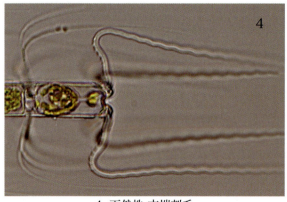
4. 天然株 末端刺毛

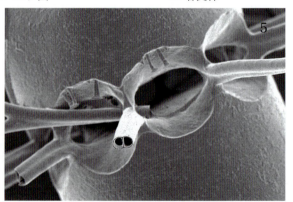
5. 培養株 連結刺毛 基部

【同定ポイント】
- 末端刺毛の一方が太く頑強で、群体軸に沿って大きく湾曲し細胞伸長方向の外側に向かって平行に伸びる。太い方の末端刺毛の基部付近には、鋸状の突起が並ぶ。反対側の末端刺毛は、連結刺毛と同じ形態をしている。連結刺毛は、基部から癒合した2本の刺毛が途中で分岐する。

Bacteriastrum comosum Pavillard 1916

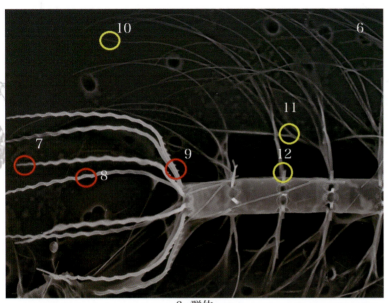

6. 群体

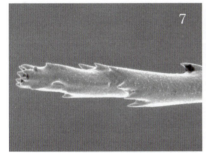

7. 末端刺毛 先端部

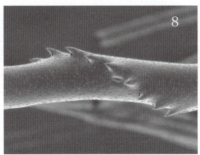

8. 末端刺毛 中央部

9. 末端刺毛 基部

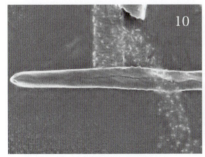

10. 連結刺毛 先端部

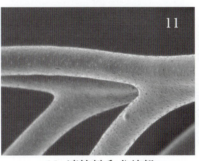

11. 連結刺毛 分岐部

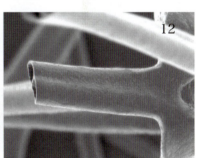

12. 連結刺毛 基部

出現地点／出現時期	1	2	3	4	5	6	7	8	9	10	11	12
オホーツク海										■		
富山湾											■	
相模湾	■								■	■	■	■
土佐湾							■					
瀬戸内海									■			

登録遺伝子配列　18 S　28 S

【類似種、間違い易い種】　無し

Bacteriastrum delicatulum Cleve 1897

No synonyms

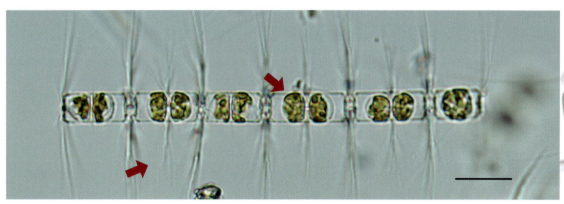

scale bar : 50μm

【形態的特徴】
- 群体は直線的で、捻じれない。
- 末端刺毛は連結刺毛と同じ形態である。これら刺毛は射出後に隣接刺毛と癒合し、中央付近で2本に分岐する。分岐後、刺毛表面には小棘が螺旋状に並ぶが、これらはSEMでしか観察できない。刺毛数は、細胞端より、6～10本出る。
- 空隙は、本属の中で最も広く、隣接刺毛基部の中間位置に、唇状突起が1～3個あり、刺毛の数だけ並ぶ。(写真 5)
- 葉緑体は、顆粒状で複数存在する。
- 細胞サイズ（頂軸長）：9～26μm
- 休眠胞子は確認されなかった。

【同定ポイント】
- 末端刺毛は連結刺毛と同等の太さで、刺毛の向きは、群体軸に対してほぼ直角に伸び、湾曲しない。
- 1細胞あたりの刺毛の数は6～11本程度。空隙は本属中最も広い。

1. ガードル面

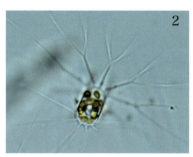
2. バルブ面

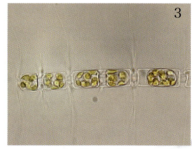
3. ガードル面

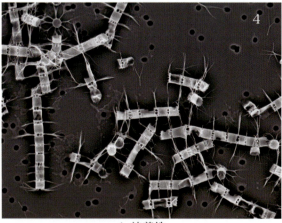
4. 培養株

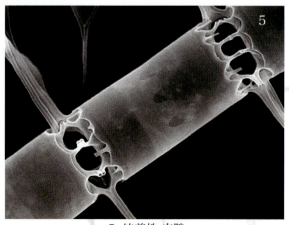
5. 培養株 空隙

Bacteriastrum delicatulum Cleve 1897

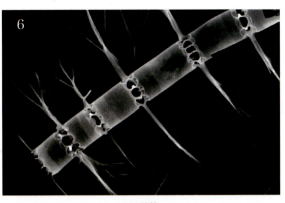

6. 群体

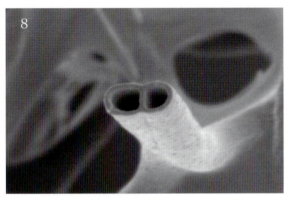

7. バルブ面

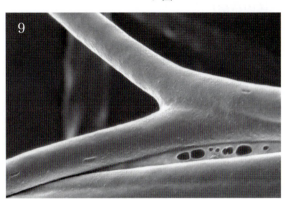

8. 連結刺毛 基部

9. 連結刺毛 分岐部

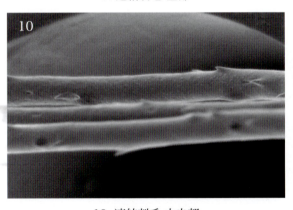

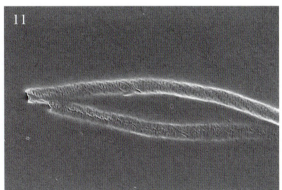

10. 連結刺毛 中央部

11. 連結刺毛 先端部

出現地点／出現時期	1	2	3	4	5	6	7	8	9	10	11	12
オホーツク海				■	■	■	■	■	■	■	■	
富山湾					■							
相模湾						■		■	■	■	■	

18 S   28 S

登録遺伝子配列

【類似種、間違い易い種】 無し

第2章 キートケロス図鑑   35

Bacteriastrum elongatum Cleve 1897

No synonyms

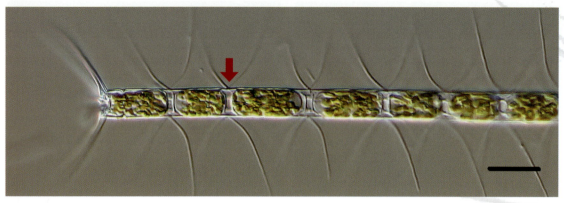

scale bar : 20μm

【形態的特徴】
- 群体は直線的で、捻じれない。
- 末端刺毛は他の刺毛に比べ太く、群体軸に対し４５度の角度で放出された後、中央付近から湾曲して細胞軸にほぼ平行に伸びる。この末端刺毛は細胞伸長方向の外側に向かって伸びる。末端刺毛には螺旋状に配置された小棘が並ぶが、これらはSEMを用いないと観察できない。刺毛の数は、細胞端より７～８本伸びる。連結刺毛は、群体軸に対し４５度の角度で射出される。連結刺毛は射出後、隣接刺毛と交差するが、癒合しない。各刺毛表面には小棘が螺旋状に並ぶが、これらはSEMでしか観察できない。
- 空隙は楕円形に空くが、サイズは変化する。隣接刺毛基部の中間位置に唇状突起が１～３個あり、刺毛の数だけ並ぶ。（写真４）
- 葉緑体は、顆粒状で複数存在する。
- 細胞サイズ（頂軸長）：１０～１９μm
- 休眠胞子は確認されなかった。

【同定ポイント】
- 末端刺毛は、太く頑強で、群体軸に沿って大きく湾曲し、細胞伸長方向の外側に伸びる特徴がある。連結刺毛と隣接刺毛は基部で癒合せず交差するのみである。各刺毛は群体軸に対し４５度の角度で射出される。刺毛の数は、８本前後と本属では少ない方である。

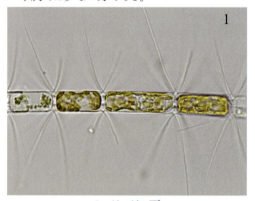

1. ガードル面

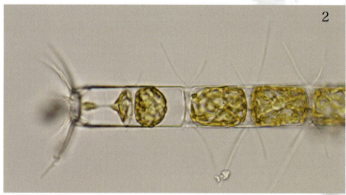

2. ガードル面

3. 天然株（全体）

4. 天然株 空隙

Bacteriastrum elongatum Cleve 1897

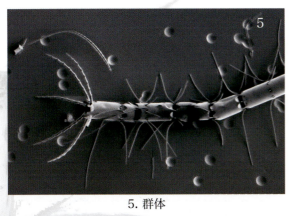
5. 群体

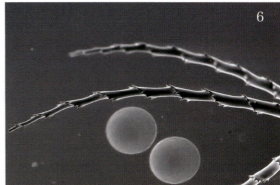
6. 末端刺毛

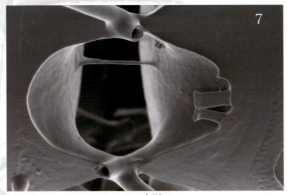
7. 空隙

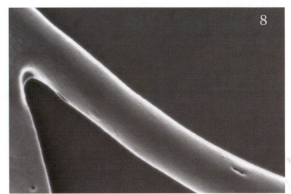
8. 連結刺毛 基部

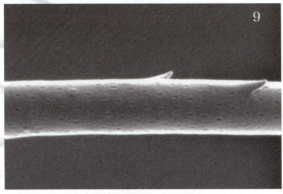
9. 連結刺毛 中央部

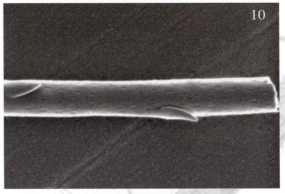
10. 連結刺毛 先端部

出現地点／出現時期	1	2	3	4	5	6	7	8	9	10	11	12
相模湾	■									■	■	■

【類似種、間違い易い種】　無し

18 S　　28 S

登録遺伝子配列

第2章 キートケロス図鑑　37

Bacteriastrum furcatum Shadbolt 1853

Heterotypic synonyms : *Bacteriastrum curvatum* G.Shadbolt 1854, *Bacteriastrum nodulosum* G.Shadbolt 1854

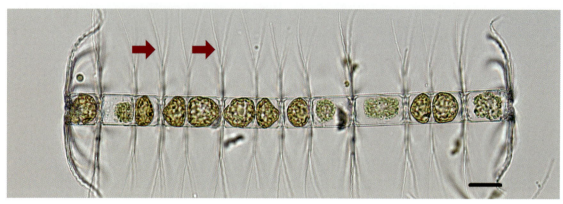

scale bar : 20μm

【形態的特徴】
- 群体は直線的で、捻じれない。
- 末端刺毛は他の刺毛に比べ太く、表面には螺旋状に配置された小棘が並ぶ。これら小棘はLMでも確認できる。末端刺毛は細胞軸に対し９０度の角度で放出後、末端細胞の内側に向かって緩く湾曲する。刺毛の数は、細胞端より、６〜１０本出る。連結刺毛は射出後、隣接刺毛と癒合し、中央付近から２本に分岐する。分岐後、刺毛表面には小棘が螺旋状に並ぶが、これらはSEMでしか観察できない。
- 空隙は楕円形に空き、隣接刺毛基部の中間位置に、唇状突起が１個あり、刺毛の数だけ並ぶ。(写真 4)
- 葉緑体は顆粒状で複数存在する。
- 細胞サイズ(頂軸長)：９〜２１μm
- 休眠胞子は確認されなかった。

【同定ポイント】
- 末端刺毛は太く頑強で、細胞伸長方向の内側に緩く湾曲する。
- 連結刺毛は基部は癒合し後に分岐する。

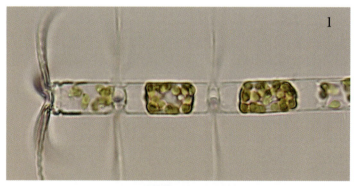

1. 天然株 ガードル面

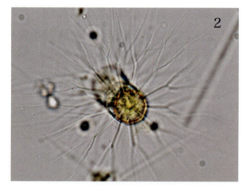

2. 天然株 バルブ面

3. 培養株

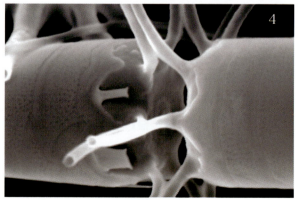

4. 天然株 空隙

Bacteriastrum furcatum Shadbolt 1853

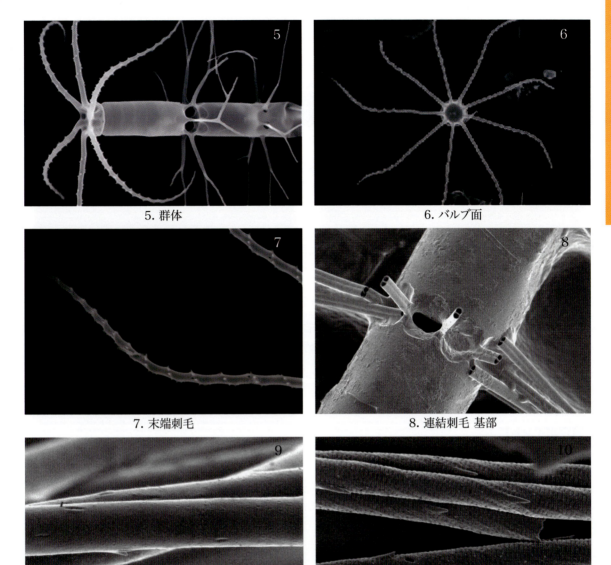

5. 群体
6. バルブ面
7. 末端刺毛
8. 連結刺毛 基部
9. 連結刺毛 基部
10. 連結刺毛 先端部

出現地点／出現時期	1	2	3	4	5	6	7	8	9	10	11	12
オホーツク海									■	■		
富山湾				■							■	
相模湾		■						■	■	■	■	■
瀬戸内海								■				
鹿児島湾										■		

18 S　　28 S

登録遺伝子配列

【類似種、間違い易い種】　無し

第2章 キートケロス図鑑　39

Bacteriastrum hyalinum Lauder 1864

Homotypic synonym : *Bacteriastrum varians* f. *hyalina* (Lauder) Frenguelli 1928
Heterotypic synonyms : *Chaetoceros spirillum* (Castracane) De Toni null , *Actiniscus varians* (H.S.Lauder) Grunow 1882 , *Bacteriastrum spirillum* Castracane 1886 , *Bacteriastrum varians* var. *princeps* Castracane 1886 , *Bacteriastrum varians* var. *borealis* C.E.H.Ostenfeld 1901 , *Bacteriastrum solitarium* Mangin 1913 , *Bacteriastrum hyalinum* var. *princeps* (Castrachane) J.Ikari 1927

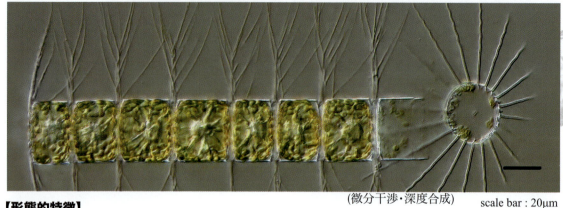

(微分干渉・深度合成)　　scale bar：20μm

【形態的特徴】

・群体は直線的で、捩じれない。
・末端刺毛は他の刺毛と同じ形態である。また刺毛の数は、細胞端より、17～24本出る。連結刺毛は射出後、隣接刺毛と癒合し、中央付近から2本に分岐する。分岐後、刺毛表面には小棘が螺旋状に並ぶが、これらはSEMでしか観察できない。
・空隙はLMでは、密着している様に見えるが、SEMで見ると僅かに空いている。隣接刺毛基部の中間位置に、唇状突起が1～2個あり、刺毛の数だけ並ぶ。(写真 4)
・葉緑体は、顆粒状で複数存在する。
・細胞サイズ(頂軸長)：21～37μm
・休眠胞子は確認されなかった。

【同定ポイント】

・末端刺毛の太さは、連結刺毛とほぼ同等で、基部が癒合し細く、途中で分岐する。刺毛の数が20本前後と本属中でも多い方である。

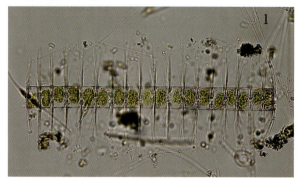

1. 天然株 ガードル面

2. 天然株 バルブ面

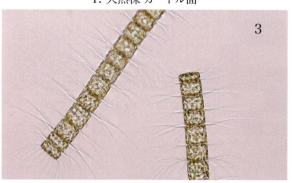

3. 培養株

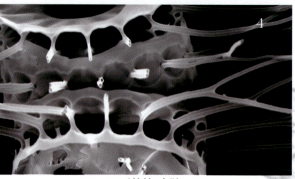

4. 天然株 空隙

Bacteriastrum hyalinum Lauder 1864

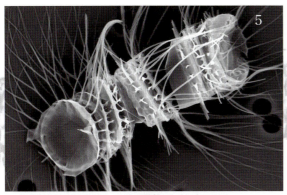
5. 群体

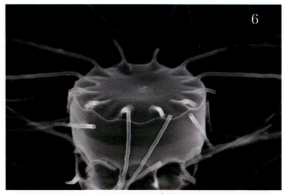
6. バルブ面

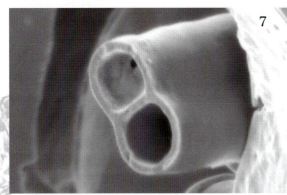
7. 刺毛 断面

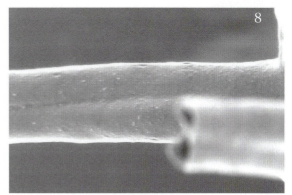
8. 連結刺毛 基部

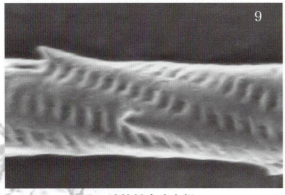
9. 連結刺毛 中央部

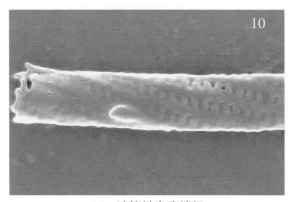
10. 連結刺毛 先端部

出現地点／出現時期	1	2	3	4	5	6	7	8	9	10	11	12
オホーツク海										■		
相模湾									■	■	■	
富山湾											■	
瀬戸内海											■	

18 S　　　28 S

登録遺伝子配列

【類似種、間違い易い種】　*Bacteriastrum minus*

第2章 キートケロス図鑑　　41

Bacteriastrum minus G.Karsten 1906

No synonyms

scale bar : 20μm

【形態的特徴】
- 群体は直線的で、捻じれない。
- 末端刺毛は他の刺毛と同じ形態である。刺毛の数は、細胞端より、30本前後放出される。連結刺毛の基部をSEMで観察すると、わずかではあるが、複数の連絡糸のようなもので接合している状況が確認できる。また、刺毛表面には小棘が螺旋状に並ぶ。
- 空隙は狭く、隣接刺毛基部の中間位置に、唇状突起が1～2個あり、刺毛の数だけ並ぶ。(写真6)
- 葉緑体は顆粒状で複数存在する。
- 細胞サイズ(頂軸長)：22～34μm
- 休眠胞子は確認されなかった。

【同定ポイント】
- 本種は、*B. hyalinum* と形態的に酷似している。
- 連結刺毛の基部は、*B. hyalinum* が明瞭に癒合しているのに対し、本種は僅かに癒合しており、SEMで確認すると、一部が連結糸のようなもので結合した後、分岐する。刺毛は各面に30本以上あり本属中一番多く、細く長い。

1. 天然株 ガードル面

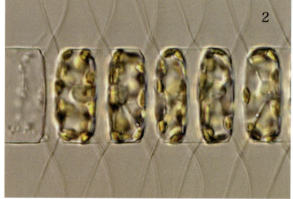

2. 天然株 ガードル面

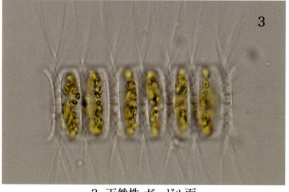

3. 天然株 ガードル面

4. 天然株 低倍率

Bacteriastrum minus G.Karsten 1906

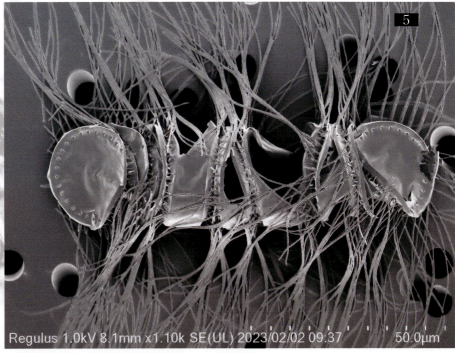

5. 群体

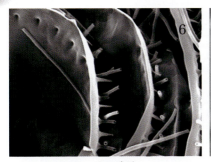

6. バルブ面

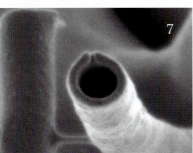

7. 連結刺毛 基部

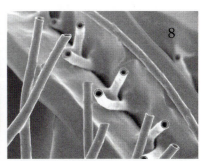

8. 連結刺毛 基部

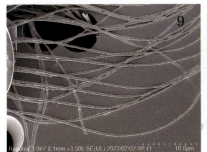

9. 連結刺 全体

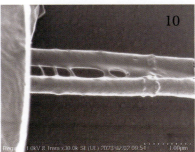

10. 連結刺毛 基部側

11. 連結刺毛 先端部

出現地点／出現時期	1	2	3	4	5	6	7	8	9	10	11	12
富山湾											■	
相模湾									■	■	■	■

【類似種、間違い易い種】　　無し

第2章 キートケロス図鑑　　43

Chaetoceros aequatorialis Cleve 1901

No synonyms

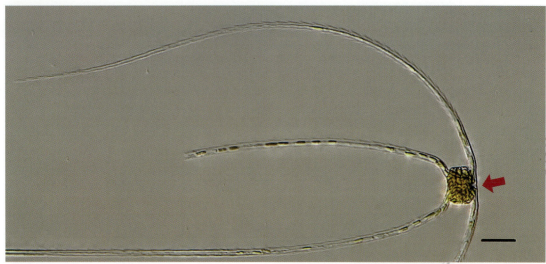

scale bar : 20μm

【形態的特徴】
・群体は形成しない。
・太い刺毛が、細胞上部と下部からそれぞれ放出され、同じ方向に伸びる。
・刺毛表面は細孔が並び、四隅に目立つ大きな棘が一列に並ぶ。これらはLMでも確認できる。
・刺毛の断面は四角形である。
・マントルには明瞭な縫線がある。
・上部のバルブ面は、平滑で中央部がややへこむ。
・葉緑体は、複数の顆粒状からなる。
・細胞サイズ（頂軸長）：16～20μm
・休眠胞子は確認されなかった。

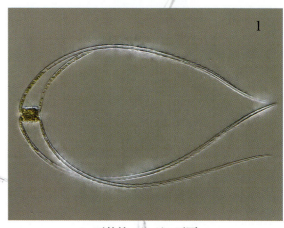

1. 天然株 ガードル正面

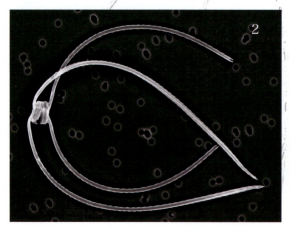

2. 天然株 ガードル正面

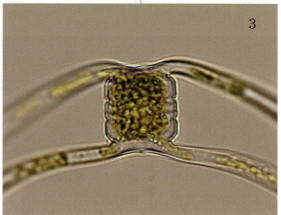

3. 天然株 ガードル正面

【同定ポイント】
・*C. peruvianus* に似るが、本種は上殻から伸びる刺毛が最初から分かれて伸長するのに対し、*C. peruvianus* の同刺毛は基部で癒合して伸長した後に分岐する特徴を有する点で区別することができる。

Chaetoceros aequatorialis Cleve 1901

4. 全体

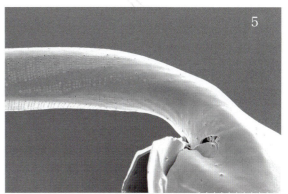
5. 刺毛 基部側

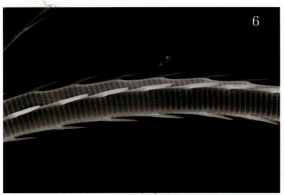
6. 刺毛 中央部

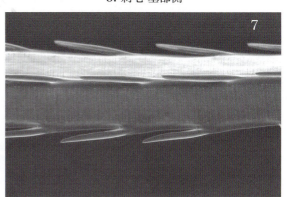
7. 刺毛 中央部

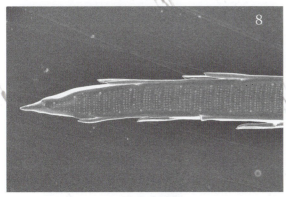
8. 刺毛 先端部

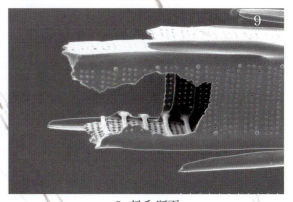
9. 刺毛 断面

出現地点／出現時期	1	2	3	4	5	6	7	8	9	10	11	12
相模湾	■										■	■

【類似種、間違い易い種】

Chaetoceros peruvianus

Chaetoceros affinis Lauder 1864

Heterotypic synonyms : *Chaetoceros schuttii* Cleve, *Chaetoceros javanicus* Cleve 1873, *Chaetoceros ralfsii* Cleve 1873, *Chaetoceros angulatus* F. Schütt 1895

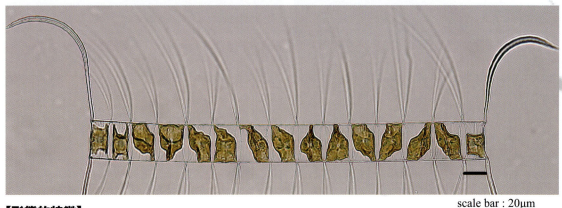

scale bar : 20μm

【形態的特徴】
- 群体は直線的で、捻じれない。
- 末端刺毛と連結刺毛の形態は、大きく異なる。末端刺毛は連結刺毛に比べ太く頑強で、鎌形状に湾曲することが多い。また末端刺毛には螺旋状に配置された小棘があり、LMでも観察できる。連結刺毛は、群体軸に対し直角に伸びる。なお、連結刺毛の基部付近に小穴が直線的に並び、小棘が螺旋状に並ぶが、これらはSEMでしか観察できない。
- マントルの縫線は不明瞭である。
- 末端細胞のバルブ面は、中央でやや隆起する。
- 空隙は楕円形で狭く、密着することがある。
- 扁平な葉緑体が1個ある。
- 細胞サイズ（頂軸長）：10～31μm
- 休眠胞子の初成殻はドーム状で、表面には短く太い棘があり、マントル縁辺からは柵状棘が伸びる。後成殻もドーム状で、初成殻と同様に表面には、短く太い棘が複数伸びる。

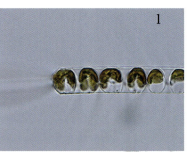
1. 天然株 ガードル側面

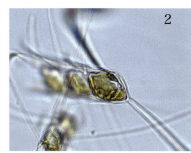
2. 天然株 バルブ面

3. 培養株

4. 休眠胞子

5. 休眠胞子

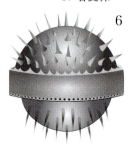
6. 休眠胞子 イラスト

7. 小型個体 (天然株)

【同定ポイント】
- 末端刺毛が特徴的な形態をしており、LMでも十分同定可能である。ただし、稀に末端刺毛と連結刺毛が同じ形態をしている場合があり、その際は、*C. constricus* と区別することが難しくなる。

Chaetoceros affinis Lauder 1864

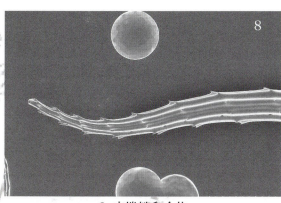
8. 末端刺毛 全体

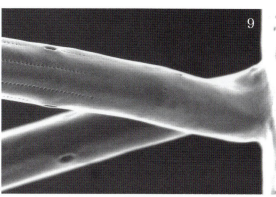
9. 連結刺毛 基部

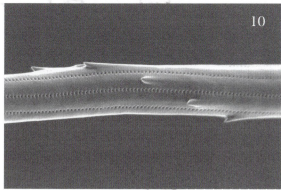
10. 連結刺毛 中央部

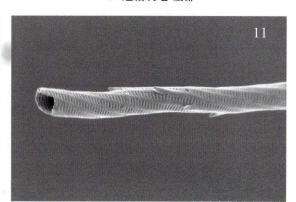
11. 連結刺毛 先端部

特記事項：2023年 Xudan Lu他は、*Chaetoceros affinis* を更に *willei*、他3種に分類した。

出現地点／出現時期	1	2	3	4	5	6	7	8	9	10	11	12
オホーツク海				■	■	■	■	■	■	■	■	
東北沿岸				■	■		■					
富山湾		■	■	■	■	■		■				
相模湾		■	■	■	■	■	■	■				
宍道湖・中海							■					
瀬戸内海									■	■		
有明海			■									
屋久島							■					

【類似種、間違い易い種】

Chaetoceros constrictus

18 S　　28 S

登録遺伝子配列

第2章 キートケロス図鑑　　47

Chaetoceros anastomosans Grunow 1882

Heterotypic synonym : *Chaetoceros anastomosans* var. *genuinus* Cleve-Euler 1951

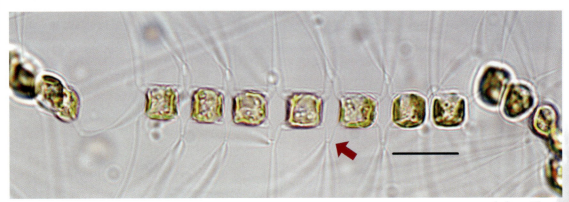

scale bar : 20μm

【形態的特徴】
- 群体は直線的だが、細胞数が増えると僅かに曲がる。
- 末端刺毛と連結刺毛の形態的な差は無い。
- 隣接する刺毛が殻縁の外側で連結糸の様な構造で緩く結合するのが、LMでも確認できる。
- 刺毛の表面には1列に細孔が並び、ゆるく螺旋状に小棘が並ぶが、これらはSEMでないと確認できない。
- マントルの縫線は、不明瞭である。
- バルブ面は、平滑でややへこむが中央部にわずかに突起が認められる場合がある。
- 空隙は楕円形に広く空く。
- 板状の葉緑体が1～2個ある。
- 細胞サイズ(頂軸長)：9～21μm
- 休眠胞子は初成殻はドーム状で、表面には短く細い棘があり、マントル表面にはベイン(vein)が配置されている。後成殻もドーム状で、初成殻と同様に表面には、短く細い棘が複数伸びる。

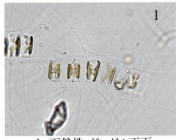
1. 天然株 ガードル正面

2. 天然株 ガードル正面

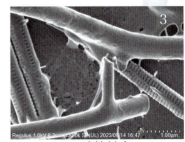
3. 連結刺毛

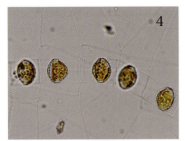
4. 休眠胞子

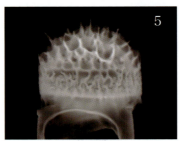
5. 休眠胞子

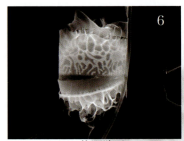
6. 休眠胞子

7. 休眠胞子イラスト

【同定ポイント】
- 隣接する刺毛が殻縁の外側で連結糸の様な構造で互いに結合する特殊な形態のため、他種との区別は容易である。

Chaetoceros anastomosans Grunow 1882

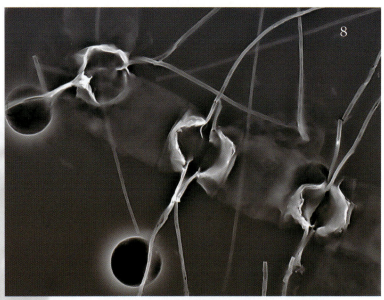

8. 全体

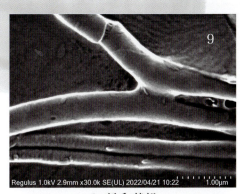

9. 刺毛 基部

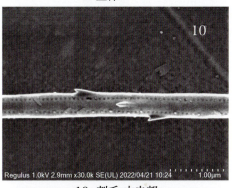

10. 刺毛 中央部

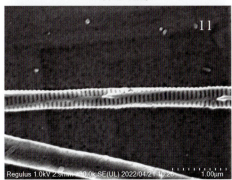

11. 刺毛 先端部

12. 刺毛 断面

出現地点／出現時期	1	2	3	4	5	6	7	8	9	10	11	12
オホーツク海						■	■	■	■			
相模湾									■			

【類似種、間違い易い種】　無し

登録遺伝子配列

Chaetoceros atlanticus Cleve 1873

Heterotypic synonyms : *Chaetoceros dispar* Castracane 1886 , *Chaetoceros polygonus* F. Schütt 1895 , *Chaetoceros audax* F. Schütt 1895 , *Chaetoceros atlanticus* f. *audax* (F. Schütt) Gran 1904

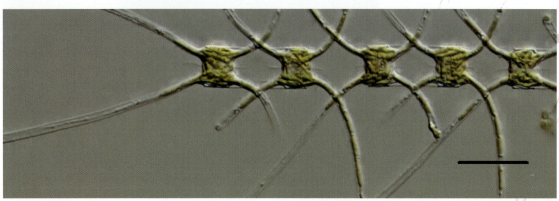

scale bar : 20μm

【形態的特徴】
- 群体は直線的で、捻じれない。
- 末端刺毛と連結刺毛の形態的な違いは無い。
- 刺毛断面は四角形で、表面構造には、多数の細孔が複数列に並び、また刺毛の四隅には小棘が配置されているが、これらの特徴はSEMでないと確認できない。
- マントルの縫線は、不明瞭である。
- バルブ面は、平滑で中央部にわずかな膨らみがあり、長い突起が1本あり、LMでも確認できる。
- 空隙は広く六角形に空く。
- 葉緑体は、不定形で複数存在し、これらは刺毛に貫入する。
- 細胞サイズ(頂軸長)：8〜38μm
- 休眠胞子は確認されなかった。

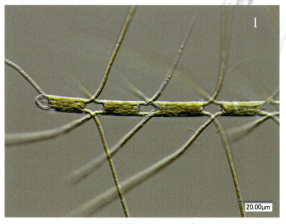

1. 天然株 ガードル面
(※*Chaetoceros atlanticus* var. *neapolitanus*)

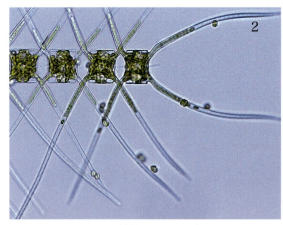

2. 天然株 ガードル面

3. 天然株 ガードル面

【同定ポイント】
- バルブ面中央に明瞭な突起があること、比較的広い空隙、太い刺毛が本種の同定ポイントである。
- 本種は、*C. pseudodichaeta* に似ているが、*C. pseudodichaeta* は、刺毛にヒゲのように長く伸びる突起を有しており、これらはLMでも判別は容易である。

50　第2章 キートケロス図鑑

Chaetoceros atlanticus Cleve 1873

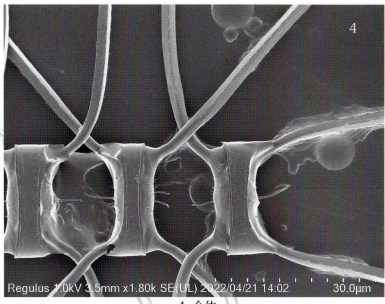
4. 全体

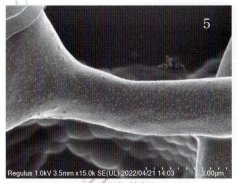
5. 刺毛 基部

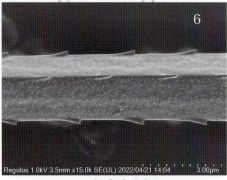
6. 刺毛 中央部

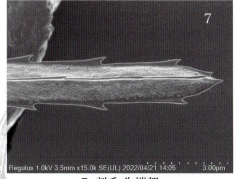
7. 刺毛 先端部

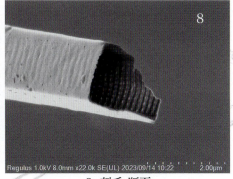
8. 刺毛 断面

出現地点／出現時期	1	2	3	4	5	6	7	8	9	10	11	12
オホーツク海			■	■	■				■			
富山湾											■	■
相模湾	■	■								■	■	■

【類似種、間違い易い種】　*Chaetoceros pseudodichaeta*

Chaetoceros borealis Bailey 1854

No synonyms

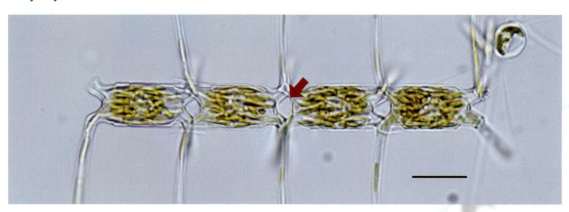

scale bar : 20μm

【形態的特徴】
- 群体は直線的で、捻じれない。
- 末端刺毛と連結刺毛の形態的な違いは無い。
- 刺毛断面は四角形で、表面には、多数の細孔が並び、また刺毛の四隅から一定間隔で小棘が配置されるが、これらはSEMでないと確認できない。
- マントルの縫線は不明瞭である。
- バルブ面は、平滑で中央部にわずかな膨らみがある。SEMで観察すると、中央付近に短い微細な突起が認められる場合がある。
- 空隙は六角形に空く。
- 葉緑体は、不定形なものが複数存在し、これらは刺毛に貫入する。
- 細胞サイズ(頂軸長)：14～37μm
- 休眠胞子は確認されなかった。

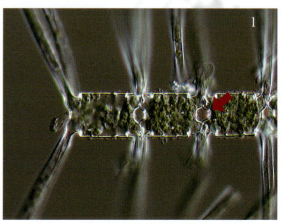

1.天然株 ガードル面

2. 培養株

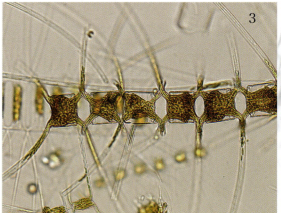

3. 天然株 ガードル面

【同定ポイント】
- バルブ面側(上)から観察すると *C. danicus* や *C. densus* に似るが、本種はガードル面の空隙が六角形に空いていることで区別することができる。

Chaetoceros borealis Bailey 1854

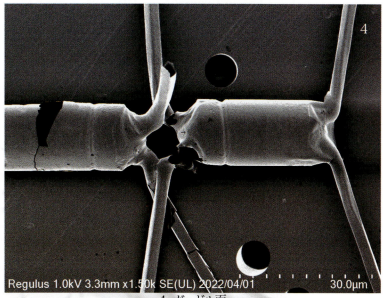
4. ガードル面

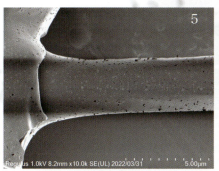
5. 刺毛 基部

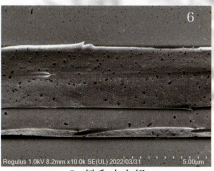
6. 刺毛 中央部

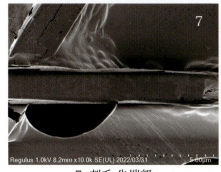
7. 刺毛 先端部

8. 刺毛 基部断面

出現地点／出現時期	1	2	3	4	5	6	7	8	9	10	11	12
オホーツク海						■			■	■	■	
相模湾								■	■	■	■	
瀬戸内海									■	■		

【類似種、間違い易い種】

Chaetoceros danicus, *Chaetoceros densus*, *Chaetoceros denticulatus*, *Chaetoceros eibenii*
これら暗脚亜属は、細胞の径が 20〜30μm 前後、刺毛が放射状に伸びる。類似しているがバルブ面および空隙、刺毛基部を観察し区別する。

登録遺伝子配列

Chaetoceros brevis F.Schütt 1895

Heterotypic synonym : *Chaetoceros hiemalis* Cleve 1900

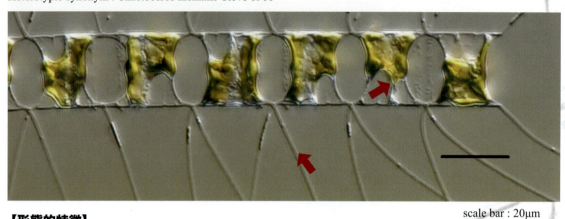

scale bar : 20μm

【形態的特徴】
- 群体は直線的で、捻じれない。
- 末端刺毛と連結刺毛の形態的な違いは無い。
- 明脚亜属に分類されてきたが、刺毛内に葉緑体が入る場合がある。刺毛の表面には、細孔が螺旋状に複数並び、さらに、短く太い棘が螺旋状に配置されるが、これらはSEMでないと確認できない。
- マントルには、縫線がありLMでも観察可能である。
- バルブ面は、平滑で中央部に隆起がある。
- 空隙は向かい合った上記隆起により、ピーナッツ型となる。
- 板状の葉緑体が1個ある。
- 細胞サイズ（頂軸長）：15～30μm
- 休眠胞子の初成殻は緩いドーム状で、表面には短く細い棘が多数あり、マントル縁辺からは短い柵状棘が伸びる。後成殻もドーム状で、中央付近に細い棘が確認された。

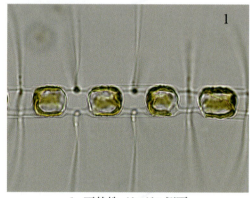

1. 天然株 ガードル側面

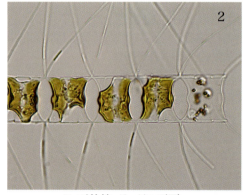

2. 天然株 ガードル正面

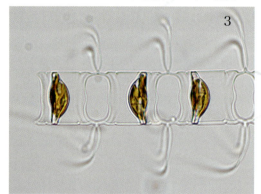

3. 休眠胞子

【同定ポイント】
- バルブ面中央の隆起が、*C. didimus* と似ているが、本種は緩やかに隆起する。近年 *C. pseudobrevis* 等近縁種とのシノニムの報告があるため、今後の同定には注意が必要である。
- Hyalochaete（明脚亜属）であるが、刺毛に葉緑体が入る事が多いことから、今後、分類の整理が必要な種である。

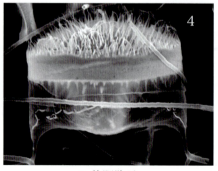

4. 休眠胞子

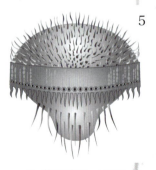

5. 休眠胞子 イラスト

Chaetoceros brevis F.Schütt 1895

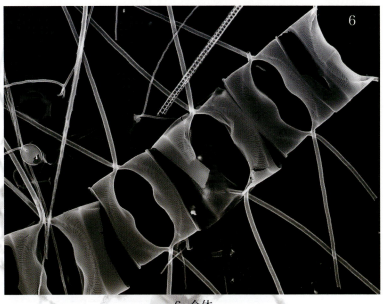

6. 全体

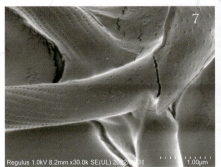

7. 刺毛 基部

8. 刺毛 中央部

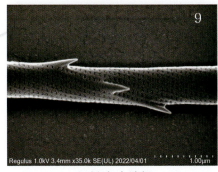

9. 刺毛 末端部

10. 刺毛 断面

出現地点／出現時期	1	2	3	4	5	6	7	8	9	10	11	12
オホーツク海			■		■						■	
富山湾											■	
瀬戸内海	■		■		■		■	■	■	■	■	■

【類似種、間違い易い種】

Chaetoceros didymus

登録遺伝子配列

第2章 キートケロス図鑑　55

Chaetoceros coarctatus Lauder 1864

Heterotypic synonym : *Chaetoceros rudis* Cleve 1901

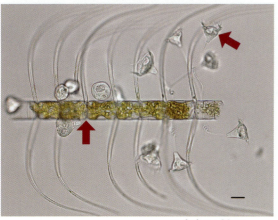
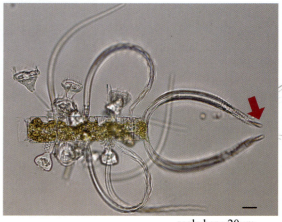

scale bar : 20μm　　　　　　　　　　　　　　　scale bar : 20μm

1. 培養細胞

【形態的特徴】
- 群体は直線的で、捻じれない。
- 末端刺毛は連結刺毛に比べやや太く、湾曲する。連結刺毛は、群体軸よりほぼ直角に射出され、後に湾曲し、群体軸と平行に伸びる。連結刺毛断面は、基部付近では六角形であるのに対し、中央部から末端に掛けては四角形となり、四隅から一定間隔で小棘が出るが、これらの構造はSEMでないと確認できない。
- マントルの縫線は不明瞭である。
- バルブ面は平滑である。
- 空隙はほとんど無く密着している。
- 細かな顆粒状の葉緑体が複数散在する。
- 細胞サイズ（頂軸長）：16〜37μm
- 休眠胞子は確認されなかった。

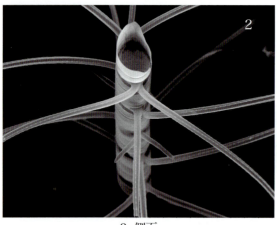
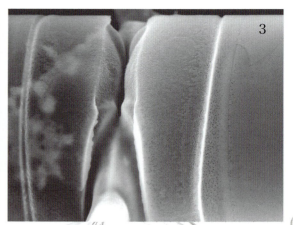

2. 側面　　　　　　　　　　　　　　　　　　3. 空隙

【同定ポイント】
- 本種は*Chaetoceros*属の中でも大型で、刺毛も全体的に太く、特に末端刺毛はさらに太く特徴的で、他種とは容易に判別できる。
- 仮に、末端刺毛が確認できない場合でも、細胞の大きさ、空隙の狭さ、繊毛虫のツリガネムシが付着するなどの特徴から判別が可能である。

Chaetoceros coarctatus Lauder 1864

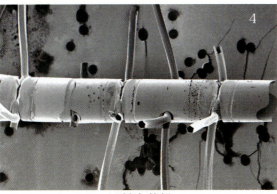
4. 刺毛 基部

5. 刺毛 基部断面

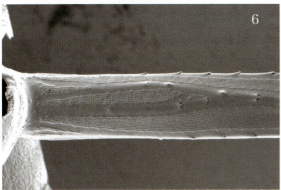
6. 連結刺毛 基部

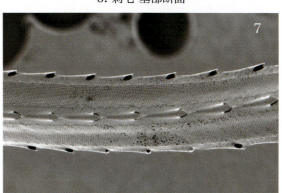
7. 連結刺毛 中央部

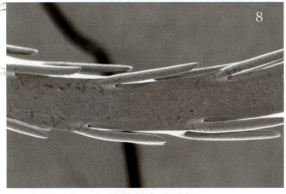
8. 連結刺毛 先端部

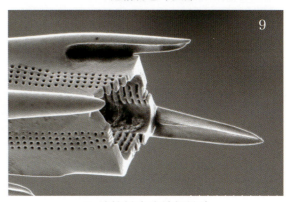
9. 連結刺毛 先端部断面

出現地点／出現時期	1	2	3	4	5	6	7	8	9	10	11	12
オホーツク海								■		■		
富山湾										■	■	
相模湾		■					■	■	■	■	■	
瀬戸内海								■	■			
鹿児島湾									■			

【類似種、間違い易い種】　　無し

登録遺伝子配列

第2章 キートケロス図鑑　57

Chaetoceros compressus var. *hirtisetus* Rines & Hargraves 1990

No synonyms

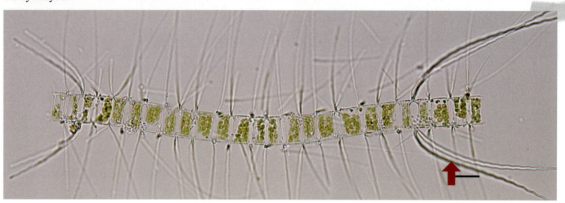

scale bar : 20μm

【形態的特徴】
- 群体は直線的で、わずかに曲がることがある。
- 末端刺毛は、連結刺毛と同程度の太さであるが、連結刺毛の一部が、他の刺毛に比べ太く長くなる。刺毛基部は、細胞端より少し内側から射出される。また刺毛の基部付近からは、更に細い刺毛が出るが、LMで確認するには高い観察技術が求められる。刺毛の表面には、細孔と小棘が螺旋状に並ぶが、これらはSEMでないと確認できない。刺毛断面は円形である。
- マントルの縫線は不明瞭である。
- バルブ面は平滑である。
- 空隙は六角形を呈し、その幅は群体毎に変化する。
- 細胞サイズ（頂軸長）：9〜28μm
- 休眠胞子の初成殻はドーム状で、表面には小棘が密集する。マントル上部の縁辺からは毛状突起が伸びる。後成殻は高いドーム状で、その表面には、粒状の突起が不定形な筋を描く。

1. 培養細胞 / (中間の太い刺毛あり)

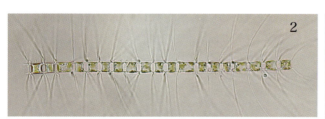

2. 培養細胞 / (10日目　中間の太い刺毛なし)

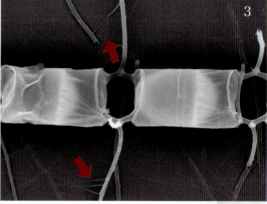

3. 刺毛上の小毛 & 殻内在の休眠胞子

4. 休眠胞子

5. 休眠胞子イラスト

【同定ポイント】
- 本種には一部の連結刺毛が太くなる点で *C. contortus* と似るが、本種のそれは *C. contortus* と比較してはるかに長く、区別することが可能である。しかし正確に種同定を行うには休眠胞子の観察が必要となる。

Chaetoceros compressus var. *hirtisetus* Rines & Hargraves 1990

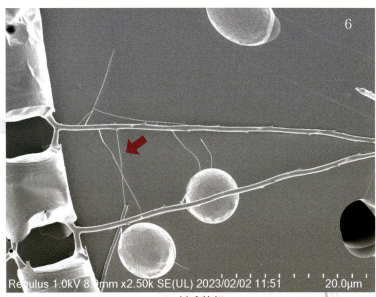

6. 刺毛基部

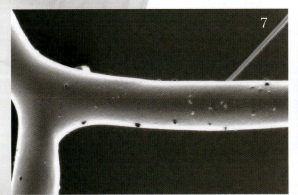

7. 刺毛 基部癒合部

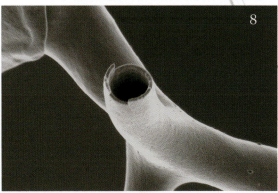

8. 刺毛 基部断面

9. 刺毛 中央部

10. 刺毛 先端部

特記事項：本種は、AlgaeBaseでは、現在"*Chaetoceros hirtisetus* (Rines & Hargreaves) Chamnansinp, Moestrup & Lundholm 2015"と変更になっている。

出現地点／出現時期	1	2	3	4	5	6	7	8	9	10	11	12
オホーツク海									■			
相模湾							■	■	■	■		

【類似種、間違い易い種】
Chaetoceros contortus

登録遺伝子配列

第2章 キートケロス図鑑　59

Chaetoceros concavicornis Mangin 1917

Homotypic synonym : *Chaetoceros borealis* f. *concavicornis* (Mangin) Braaud 1935

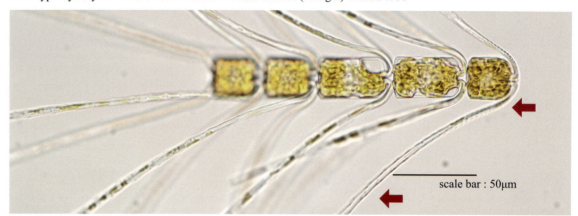

【形態的特徴】
- 群体は直線的で、捻じれない。
- 刺毛は群体軸に沿うように放出され、その後、群体軸に対し45度程度の傾きで伸びる。これらの刺毛は、基部より中央部が太くなる（上図矢印）。刺毛表面にはLMで確認できる明瞭な小棘が並ぶ。また、細胞の上下で刺毛の出かたは異なり、上殻から出た刺毛は、隣の刺毛と密着しその密着部分は木組みのような構造をとり、その後、すぐに左右に分岐するのに対し、下殻から出た刺毛は、放出後に八の字状に分かれて伸びる。刺毛断面は、四角形である。
- マントルには明瞭な縫線がある。
- 下殻のバルブ面中央に小突起があり、これはSEMで観察できる。
- 空隙は上殻の刺毛間に形成された僅かな隙間に観察される。
- 顆粒状の葉緑体が複数存在し、それらは刺毛中に貫入する。
- 細胞サイズ（頂軸長）：17～38μm
- 休眠胞子は確認されなかった。

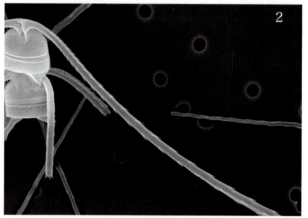

2. 刺毛

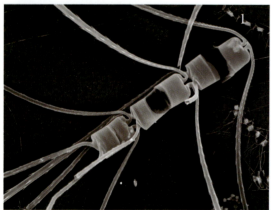

1. 全体像

3. 細胞上部刺毛 基部

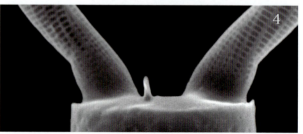

4. 細胞下部刺毛 基部

【同定ポイント】
- 本種は刺毛の中に色素粒が入る暗脚亜属で、特に刺毛の生え方が特徴的である。
- 刺毛は基部から末端にかけて太くなるのが本種の特徴である。

Chaetoceros concavicornis Mangin 1917

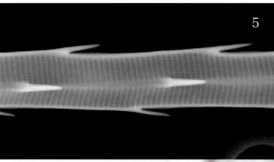

5. 刺毛 側面

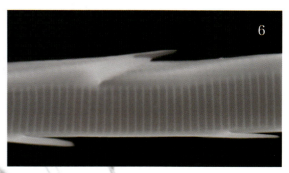

6. 刺毛 側面

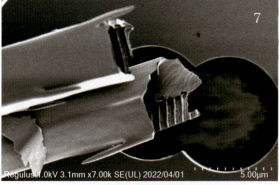

7. 刺毛基部 断面

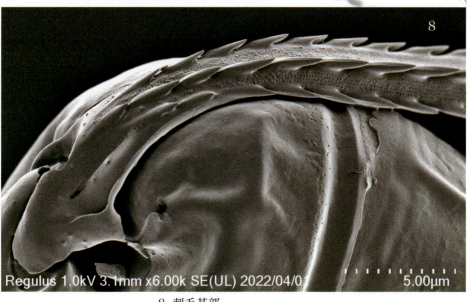

8. 刺毛基部

出現地点／出現時期	1	2	3	4	5	6	7	8	9	10	11	12
オホーツク海			■	■	■	■		■			■	■
富山湾	■	■										
相模湾				■						■		■

18 S

28 S

登録遺伝子配列

【類似種、間違い易い種】

Chaetoceros convolutus

第2章 キートケロス図鑑　61

Chaetoceros constrictus Gran 1897

No synonyms

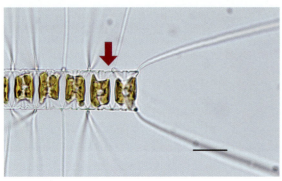
ガードル正面　　scale bar : 20μm

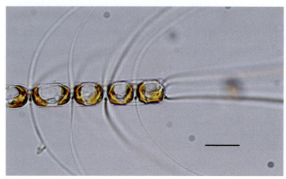
ガードル側面　　scale bar : 20μm

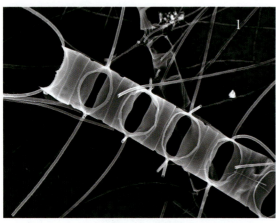
1. ガードル正面

2. バルブ面 小棘

【形態的特徴】
・群体は直線的で、捻じれない。
・末端刺毛と連結刺毛の形態は大きく異なる。末端刺毛は連結刺毛に比べ太く頑強で、基部より中央部の方が太くなる。また刺毛には螺旋状に配置された小棘と、直線的に並ぶ小孔が認められるが、これらはSEMでないと確認できない。
・マントルには明瞭な縫線がある。
・末端細胞のバルブ面は、複数の小棘が出る場合があるが、中間細胞のバルブ面は滑らかである。（写真2）
・空隙は狭く、楕円形もしくは披針形である。
・葉緑体は、板状のものが1〜2個存在する。
・休眠胞子の初成殻はドーム状で、表面には小棘が密集する。マントル下部の縁辺からは柵状刺が伸びる。後成殻は山型状で先端付近に複数の小棘が出る。

【同定ポイント】
・ガードル面からの"くびれ"が特徴的であるものの、本種を同定するためのひとつの要素にすぎない。
・本種は *C. diadema* と形態が酷似するが、ガードル面の"くびれ"に加え、末端刺毛の形状で区別可能である。ただし、上記形態学的特徴が希薄になる場合、休眠胞子の形状が種同定の鍵になる。

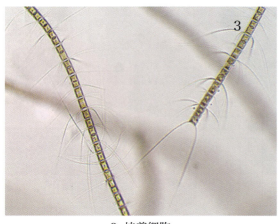
3. 培養細胞

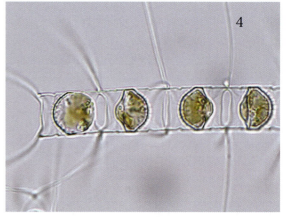
4. 休眠胞子

Chaetoceros constrictus Gran 1897

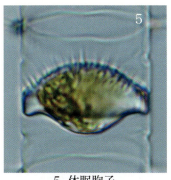
5. 休眠胞子

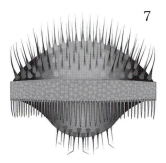
6. 休眠胞子

7. 休眠胞子イラスト

8. 連結刺毛 基部

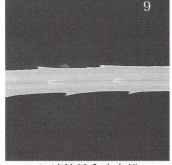
9. 連結刺毛 中央部

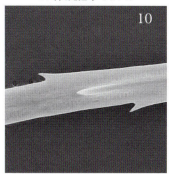
10. 連結刺毛 先端部

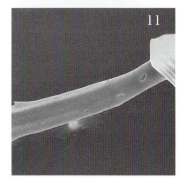
11. 末端刺毛 基部

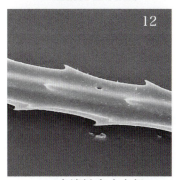
12. 末端刺毛 中央部

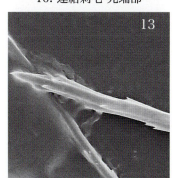
13. 末端刺毛 先端部

特記事項：本種を遺伝子解析すると、100%一致で *C. constrictus* となるが、掲載の休眠胞子の画像は、*C. vanheurckii* のものである。*C. constrictus* の休眠胞子は、過去にG.C.Picher (1990)がSEM画像を論文掲載されているが、これとは合わない。しかし休眠胞子の形成初期と最終形態は殻の高さなどが大きく変化することが分かっているので、この2種は同種の可能性もあり、今後の研究に期待したい。

出現地点／出現時期	1	2	3	4	5	6	7	8	9	10	11	12
オホーツク海			■	■	■	■	■	■	■	■		
東北沿岸					■	■	■					
富山湾	■	■										
相模湾			■	■	■	■	■	■	■	■		■
土佐湾						■	■					
瀬戸内海											■	

【類似種、間違い易い種】
Chaetoceros diadema

18 S

28 S

登録遺伝子配列

Chaetoceros contortus F.Schütt 1895

No synonyms

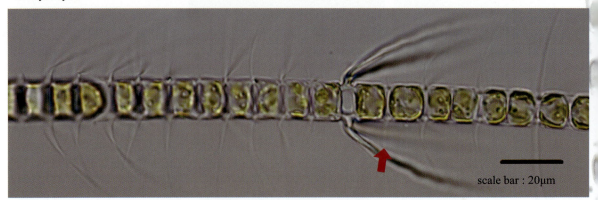

1. 全体像

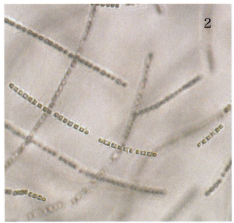

2. 培養細胞

【形態的特徴】
- 群体は直線的で、僅かに捻じれることがある。
- 刺毛は群体軸に対し直角に放出される。中間刺毛の一部に他の刺毛とは大きく異なる太い刺毛が伸びる。この太い刺毛の表面には螺旋状に配置された小棘があり、これらはLMでも確認可能である。各刺毛は基部にて隣接細胞の刺毛と癒合する。通常の刺毛にも小棘および、小孔が螺旋状に並ぶが、これらはSEMでないと確認できない。刺毛の断面は円形である。
- マントルの縫線は不明瞭である。
- バルブ面は滑らかで、中央部がやや膨らむ。
- 空隙は六角形に空く。
- 不定形の葉緑体が5〜7個存在する。
- 細胞サイズ（頂軸長）：7〜21μm
- 休眠胞子の初成殻はドーム状で、表面にはノブ状の突起があり、後成殻もドーム状で、表面は、滑らかである。後成殻マントル縁辺からは多孔質のシースが伸びる。また中間の太い刺毛は短く、類似種の *C. compressus* var. *hirtisetus* とは、その長さから区別される。

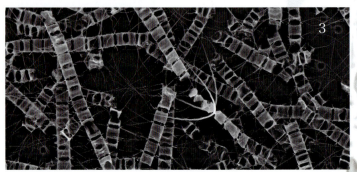

3. 培養細胞

Chaetoceros contortus F.Schütt 1895

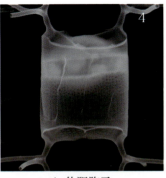
4. 休眠胞子

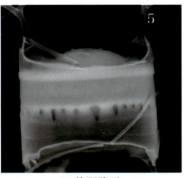
5. 休眠胞子

6. 休眠胞子イラスト

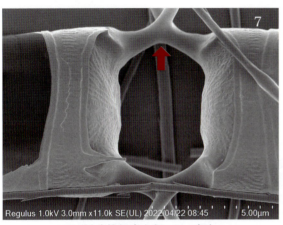
7. 刺毛基部癒合部 バルブ面

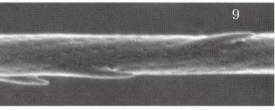
9. 刺毛側面 中央部

10. 刺毛側面 先端部 断面

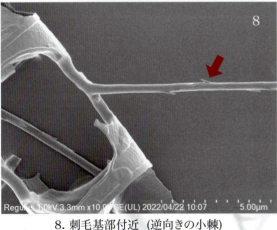
8. 刺毛基部付近 (逆向きの小棘)

【同定ポイント】

・本種には特徴的な連結刺毛があり、他種との区別が可能である。形態的に酷似する *C. compressus* var. *hirtisetus* とは、太い連結刺毛のその長さが異なり、本種は短い。より正確な種同定には休眠胞子の観察が必要となる。

出現地点／出現時期	1	2	3	4	5	6	7	8	9	10	11	12
オホーツク海			■	■	■							
相模湾		■	■		■							

【類似種、間違い易い種】

Chaetoceros compressus var. *hirtisetus*

18 S

28 S

登録遺伝子配列

Chaetoceros convolutus Castracane 1886

No synonyms

scale bar : 20μm

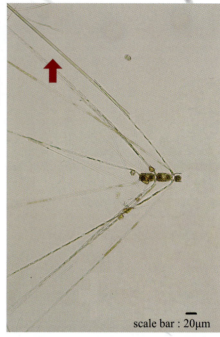

scale bar : 20μm

【形態的特徴】
- 群体は細胞数が増えると曲がることがある。
- 刺毛は群体軸に対し直角に放出された直後、約45度の角度で折れ曲がって伸びる。刺毛の太さは基部から先端までほとんど変わらない。刺毛の表面には小棘が並び、これらは基部付近でのみ光学顕微鏡でも確認できる。細胞の両端で刺毛の出かたは異なり、一方は隣の刺毛と組み合った後に伸びるのに対し、もう一方はそのまま伸びる。刺毛の断面は四角形である。
- マントルの縫線は不明瞭である。
- 細胞の両端のバルブ面には複数の小突起があり、これらはSEMで確認できる。
- 顆粒状の多数の葉緑体が存在し、これらは刺毛中に貫入する。
- 細胞サイズ（頂軸長）：16〜43μm
- 休眠胞子は確認されなかった。

【同定ポイント】
- 本種は *C. concavicornis* に似るが、本種の刺毛は基部から末端にかけてほぼ同じ太さで、末端に向け太くなる。*C. concavicornis* とは、この点で区別可能である。

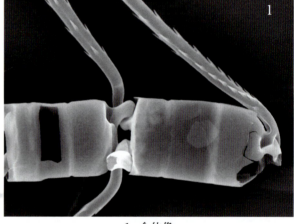

1. 全体像

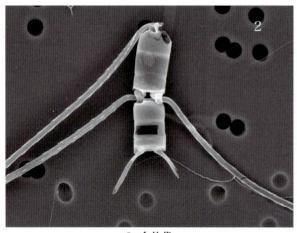

2. 全体像

3. 培養細胞

Chaetoceros convolutus Castracane 1886

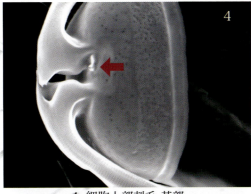
4. 細胞上部刺毛 基部

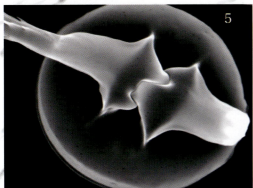
5. 細胞上部刺毛 基部

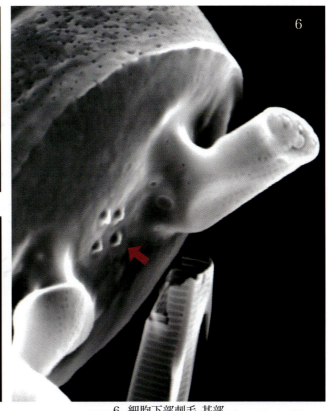
6. 細胞下部刺毛 基部

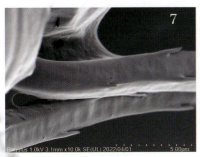
7. 刺毛 基部

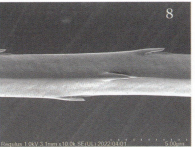
8. 刺毛 中央部

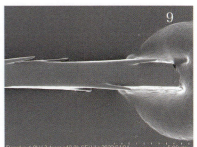
9. 刺毛 先端部

出現地点／出現時期	1	2	3	4	5	6	7	8	9	10	11	12
オホーツク海			■	■	■	■	■		■			
富山湾	■		■		■							
相模湾											■	

【類似種、間違い易い種】

Chaetoceros concavicornis

18 S

28 S

登録遺伝子配列

第2章 キートケロス図鑑　67

Chaetoceros coronatus Gran 1897

No synonyms

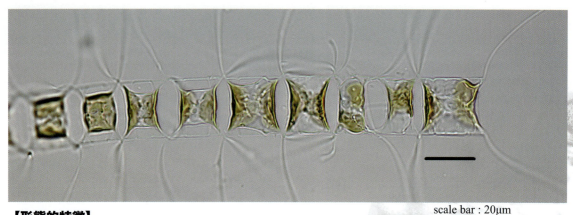

scale bar : 20μm

【形態的特徴】
- 群体はやや曲がる傾向がある。
- 末端刺毛と連結刺毛に形態的な違いは認められない。連結刺毛は群体縁で交差し概ね直角方向に放出されるが、その後の伸長方向はバラバラである。刺毛表面には直線状に小孔が並び、刺毛縁に小棘が等間隔に並ぶ。刺毛の断面は四角形である。
- マントルには縫線があり、LMでも観察可能である。
- 細胞の殻が非常に薄くSEM観察の際は形が壊れやすい。バルブ面は平滑である。
- 空隙は披針形で広い。
- 細胞サイズ(頂軸長)：12〜20μm
- 板状の葉緑体が1〜2個存在する。
- 休眠胞子の初成殻はドーム状で、マントル縁辺には"とさか状"の柵(クレスト)が伸び、各柵には中心に向かう膜様の構造があり、これらはLMでも確認できる。また、マントル下部には、円筒形のシースがあり、これらはSEMで観察できる。

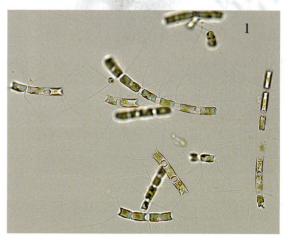

1. 休眠胞子より出芽した栄養細胞

2. 休眠胞子より出芽した栄養細胞

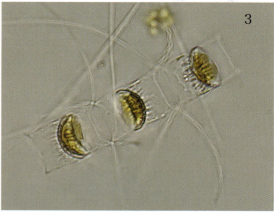

3. 休眠胞子

【同定ポイント】
- 光学顕微鏡による栄養細胞の観察では特徴が希薄なため、種同定は非常に難しい。本種の種同定には、休眠胞子の確認が必須である。

※ 画像は、自然界にある休眠胞子から出芽させたものを掲載した。

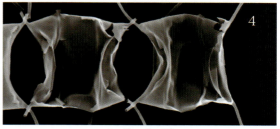

4. ガードル面

Chaetoceros coronatus Gran 1897

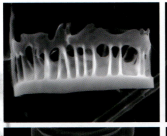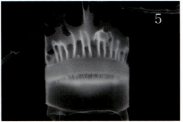
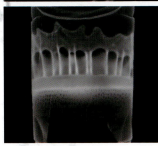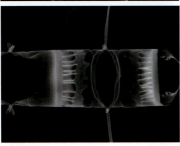

5. 休眠胞子　　　　　　　　　　6. 休眠胞子イラスト

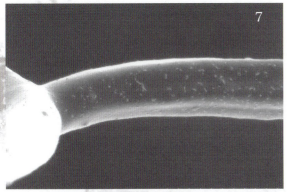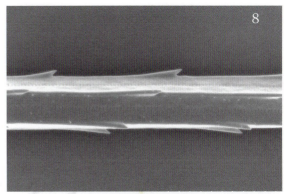

7. 連結刺毛 基部　　　　　　　　8. 連結刺毛 中央部

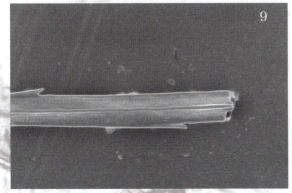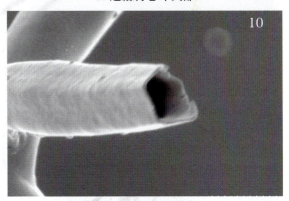

9. 連結刺毛 先端部　　　　　　　10. 連結刺毛 断面

出現地点／出現時期	1	2	3	4	5	6	7	8	9	10	11	12
東北沿岸					■							
富山湾											■	

【類似種、間違い易い種】　無し

登録遺伝子配列

Chaetoceros costatus Pavillard 1911

Heterotypic synonym : *Chaetoceros adhaerens* Mangin 1913

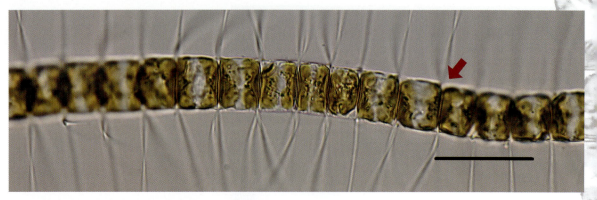

scale bar : 50μm

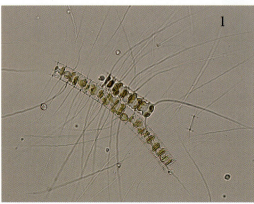

1. 培養細胞

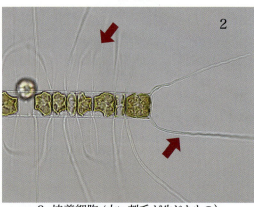

2. 培養細胞（太い刺毛が生じたもの）

3. 培養細胞

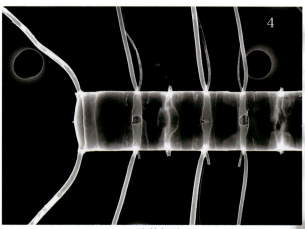

4. 培養細胞

【形態的特徴】
・群体はやや曲がる。
・刺毛は群体軸に対し直角に伸びる。刺毛は基部にて隣接細胞の接点で癒合し、その後分岐する。刺毛の表面には小孔および、小棘が螺旋状に並ぶが、これらはSEMでないと確認できない。刺毛の断面は円形である。
・マントルの縫線は不明瞭である。
・末端細胞のバルブ面には小突起が1つある。
・空隙はほぼ密着しており、稀に披針形の隙間ができる。SEM観察では、空隙には膜を張った様な構造が確認され、その表面には小さく穴が空いている。
・板状の葉緑体が2個存在する。
・細胞サイズ（頂軸長）：15〜28μm
・休眠胞子の初成殻は緩やかなドーム状で、長い棘が複数伸びる。後成殻は、中央部が大きく隆起し、初成殻同様、中央付近に長い棘が複数伸びる。

【同定ポイント】
・本種は刺毛の太さも変異が大きく、他種と混同しやすく、種同定の際には注意が必要である。
・同定には、細胞壁が特徴的であるので、それを観察するか、休眠胞子の確認が望ましい。

Chaetoceros costatus Pavillard 1911

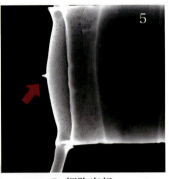
5. 細胞突起

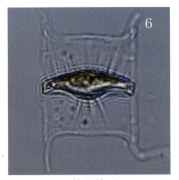
6. 休眠胞子

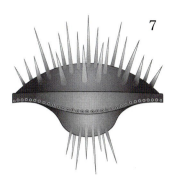
7. 休眠胞子イラスト

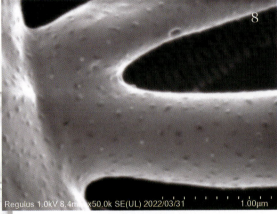
8. 刺毛 基部

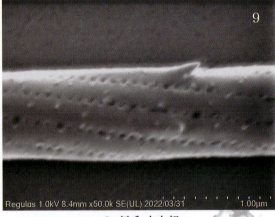
9. 刺毛 中央部

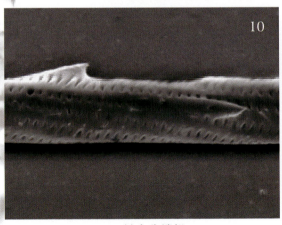
10. 刺毛 先端部

11. 刺毛 断面

出現地点／出現時期	1	2	3	4	5	6	7	8	9	10	11	12
オホーツク海				■	■			■				
富山湾	■	■										■
相模湾								■		■	■	
瀬戸内海								■				

【類似種、間違い易い種】 無し

18 S

28 S

登録遺伝子配列

第2章 キートケロス図鑑　71

Chaetoceros curvisetus Cleve 1889

No synonyms

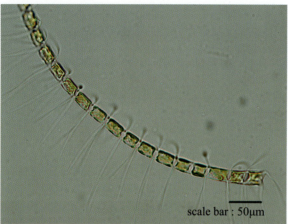

scale bar : 50μm

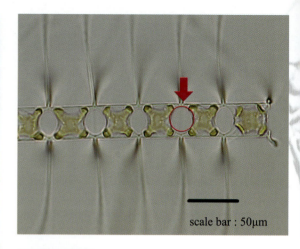

scale bar : 50μm

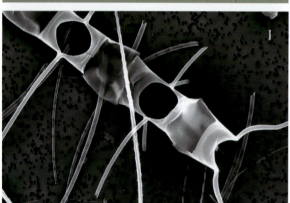

1. ガードル正面

2. ガードル側面

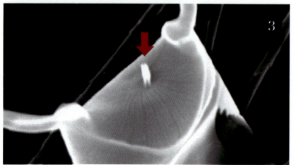

3. 細胞突起

【形態的特徴】
- 群体は細胞数が増えるに従い、大きく曲がり、螺旋状になることがある。
- 末端刺毛と連結刺毛に形態的な差は無い。刺毛の表面には、小棘が螺旋状に並ぶが、これらはSEMでしか観察できない。刺毛の断面は円形である。
- マントルの縫線は不明瞭である。
- 末端細胞のバルブ面は中央付近でややへこみ、そこには小さな突起があるが、これらはSEMでのみ観察可能である。培養時には空隙がやや狭くなり、群体の螺旋状の巻きもより強めに巻く傾向がある。
- 空隙は円形ないし、ひし形に広く空く。
- 板状の葉緑体が1個存在する。
- 細胞サイズ（頂軸長）：8〜25μm
- 休眠胞子の初成殻はドーム状で、表面は滑らかである。後成殻もドーム状で平滑。両マントルからシースを伸ばす。

【同定ポイント】
- 本種は螺旋状群体を形成するタイプである。
- 同じく螺旋状の群体を形成する種の *C. debilis*、*C. pseudocurvisetus* とは空隙の形状が異なる点で区別できる。すなわち、本種の空隙がほぼ楕円形であるのに対し、*C. debilis* はピーナッツ型、*C. pseudocurvisetus* は披針形をとる。

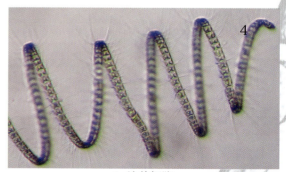

4. 培養細胞

Chaetoceros curvisetus Cleve 1889

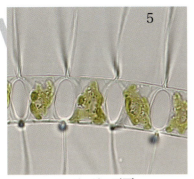
5. ガードル正面

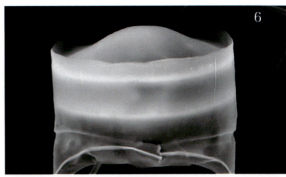
6. 休眠胞子

7. 休眠胞子

8. 休眠胞子イラスト

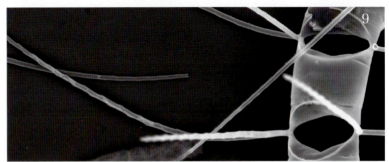
9. 刺毛 側面

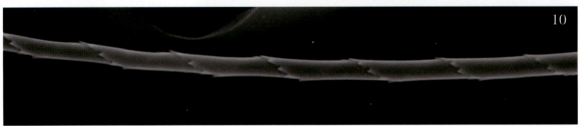
10. 刺毛 側面

11. 刺毛 断面

出現地点／出現時期	1	2	3	4	5	6	7	8	9	10	11	12
オホーツク海							■	■	■	■	■	
富山湾		■			■		■					
相模湾		■	■	■	■		■	■	■	■	■	■
土佐湾												
瀬戸内海									■	■	■	
有明海			■									

【類似種、間違い易い種】
Chaetoceros debilis
Chaetoceros pseudocurvisetus

18 S　　28 S

登録遺伝子配列

Chaetoceros danicus Cleve 1889

No synonyms

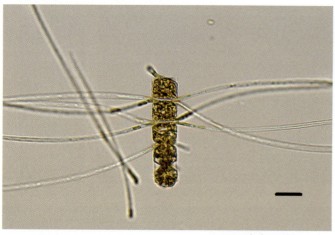

scale bar : 20μm

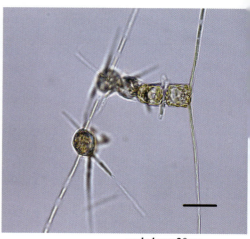

scale bar : 20μm

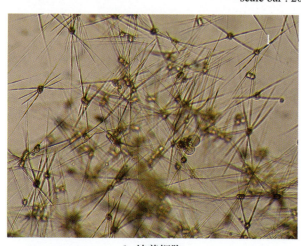

1. 培養細胞

【形態的特徴】
- 群体は、直線的で捻じれない。
- 末端刺毛と連結刺毛に形態的な差は無い。上殻と下殻から伸びる刺毛が互い違いに角度を有して伸びるため、それらが足となって細胞が立った状態となり、バルブ面から観察される個体が多い。刺毛の断面は四角形で、表面構造は、細孔が整列した網目状に並び、四隅の角に小棘が並ぶ。これらはSEMでしか確認できない。
- マントルの縫線は不明瞭である。
- バルブ面には非常に微細な突起が確認された(SEM観察)。
- 空隙は全く無く、互いの細胞は密着している。
- 顆粒状の葉緑体が複数存在し、これらは刺毛中に貫入する。
- 細胞サイズ(頂軸長)：12〜35μm
- 休眠胞子は確認されなかった。

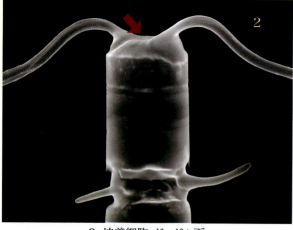

2. 培養細胞 ガードル面

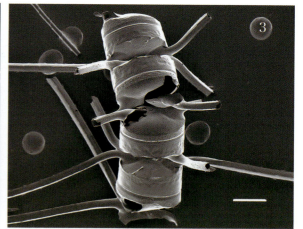

3. 細胞全体像

【同定ポイント】
- 本種は刺毛の中に色素粒が入る暗脚亜属で、特に刺毛の生え方が特徴的である。
- 刺毛は群体軸に対し、ほぼ直角に伸びており、途中で角度を変えることは無い。同じ暗脚亜属の *C. densus*、*C. eibenii* とはこの点で区別できる。
- 空隙はほぼ密着しており、やや隙間の空く *C. eibenii* とはこの点でも区別できる。
- 類似する3種の中では最も小型である。

Chaetoceros danicus Cleve 1889

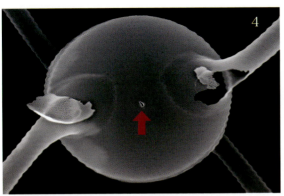
4. バルブ面

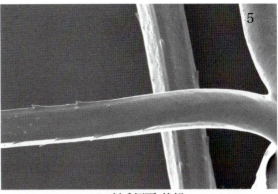
5. 刺毛側面 基部

6. 刺毛側面 中央部

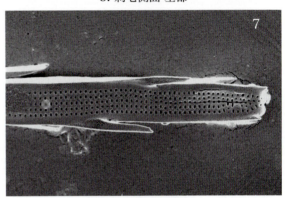
7. 刺毛側面 先端部

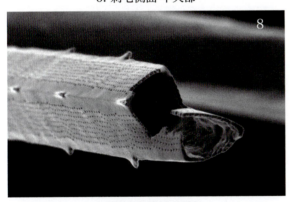
8. 刺毛先端部 断面

特記事項：内湾で見られる *C. castracanei* は、刺毛が湾曲する点で *C. danicus* との違いがあるとされる。この条件でそれぞれの株を遺伝子解析した結果、相同率100%一致となり本書では、同種として扱った。

登録遺伝子配列

出現地点／出現時期	1	2	3	4	5	6	7	8	9	10	11	12
オホーツク海			■	■	■	■	■	■	■	■	■	■
富山湾	■	■		■		■						
相模湾	■	■	■	■	■	■	■	■	■	■	■	■
土佐湾						■	■	■	■	■	■	
瀬戸内海								■	■			

【類似種、間違い易い種】
Chaetoceros densus
Chaetoceros eibenii

Chaetoceros debilis Cleve 1894

Heterotypic synonym : *Chaetoceros vermiculus* F. Schütt 1895

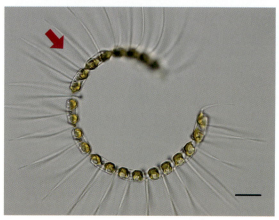

scale bar : 20μm

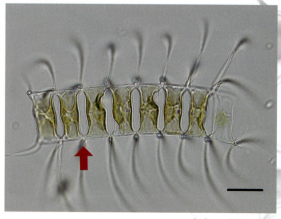

scale bar : 20μm

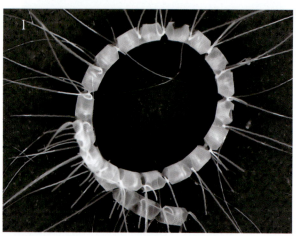

1. 側面

【形態的特徴】
- 群体は著しく曲がり、長くなると螺旋状に強く巻く。
- 刺毛は、螺旋状の群体を側面から見たときに、群体軸の縁より外側に向けて伸びる。末端刺毛と連結刺毛に形態的な差は無く、刺毛の表面には、螺旋状に配置された細孔と小棘が並ぶが、これらはSEMでないと確認できない。刺毛の断面は円形である。
- マントルの縫線は不明瞭である。
- バルブ面は中央部が僅かに膨らみ、表面は滑らかである。
- 空隙は細長いピーナッツ型である。
- 板状の葉緑体が1個存在する。
- 細胞サイズ(頂軸長)：8〜29μm
- 休眠胞子の初成殻は緩やかなドーム状で、表面は滑らかである。後成殻は、緩やかな2つの隆起が認められ、それらの表面は滑らかである。

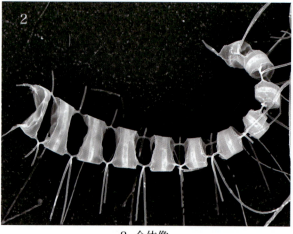

2. 全体像

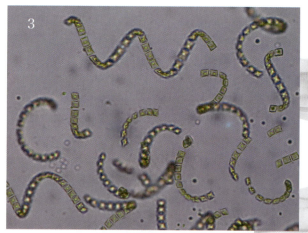

3. 培養細胞

【同定ポイント】
- 本種は螺旋状群体を形成するタイプである。
- 同じく螺旋状の群体を形成する種の *C. curvisetus*、*C. pseudocurvisetus* とは空隙の形状が異なる点で区別できる。すなわち、本種の空隙間がピーナッツ型であるのに対し、*C. curvisetus* は楕円形、*C. pseudocurvisetus* は披針形をとる。
- 群体の螺旋は、*C. curvisetus*、*C. pseudocurvisetus* よりも強く巻く傾向がある。

Chaetoceros debilis Cleve 1894

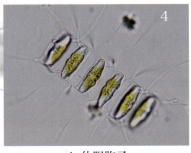
4. 休眠胞子

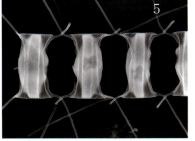
5. 休眠胞子

6. 休眠胞子イラスト

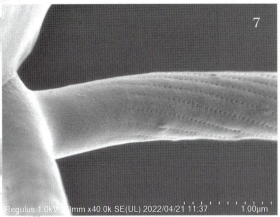
7. 刺毛 基部

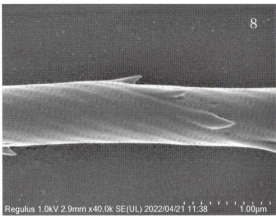
8. 刺毛 中央部

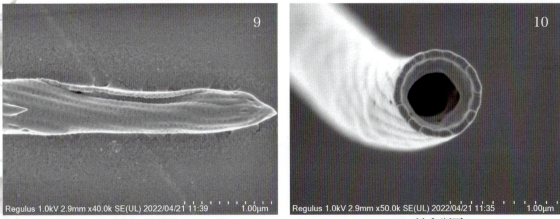
9. 刺毛 先端部

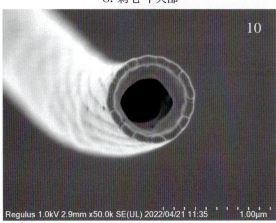
10. 刺毛 断面

出現地点／出現時期	1	2	3	4	5	6	7	8	9	10	11	12
オホーツク海			■	■	■	■	■	■	■	■	■	■
東北沿岸				■	■							
富山湾		■	■								■	
相模湾	■	■	■					■	■			
瀬戸内海									■			
有明海			■									

【類似種、間違い易い種】
Chaetoceros curvisetus
Chaetoceros pseudocurvisetus

18 S

28 S

登録遺伝子配列

Chaetoceros decipiens Cleve 1873

Heterotypic synonym : *Chaetoceros decipiens* var. *grunowii* (F. Schütt) Cleve null, *Chaetoceros grunowii* F. Schütt 1895

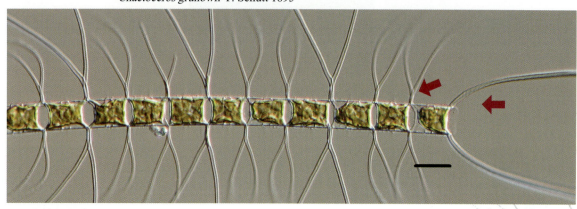

scale bar : 20μm

【形態的特徴】
- 群体は直線的で、捻じれない。
- 末端刺毛は群体軸よりほぼ垂直に伸びる。連結刺毛は、隣接刺毛と基部で癒合し、のちに2又に分岐する。末端刺毛は連結刺毛よりもやや太い。刺毛の表面構造は、SEMで見ると楕円形の孔が連続的に連なり、それらは基部付近の方で小さく、先端に向かうほどに大きくなる。刺毛の四隅には小棘が直線的に並ぶ。
- マントルには明瞭な縫線がある。
- バルブ面は平坦で表面は滑らかである。
- 空隙は細い楕円形である。
- 板状のものが1個存在する。
- 細胞サイズ(頂軸長)：12〜62μm
- 休眠胞子は確認されなかった。

1. 全体像 空隙の狭いタイプ

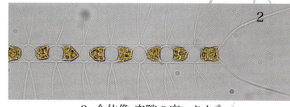

2. 全体像 空隙の広いタイプ

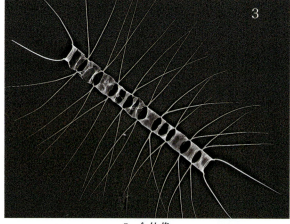

3. 全体像

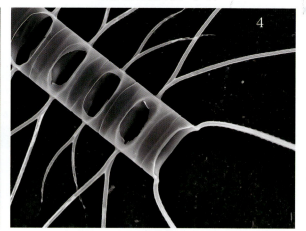

4. 全体像

【同定ポイント】
- 本種は中間刺毛の基部が癒合しており、さらに癒合したまましばらく伸長するため、まるで1本の刺毛から2又に分岐している様に見える。本種の全体像は *C. lorenzianus* に似るが、上記連結刺毛の基部に明らかな違いがあることで明確に区別することが可能である。

Chaetoceros decipiens Cleve 1873

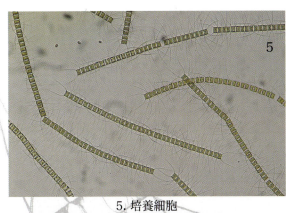
5. 培養細胞

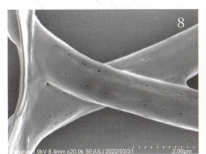
7. 末端刺毛 基部

6. 連結刺毛 全体像

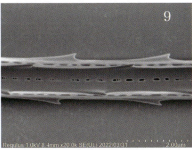
8. 連結刺毛 基部癒合部

9. 連結刺毛 中央部

10. 連結刺毛 先端部

出現地点／出現時期	1	2	3	4	5	6	7	8	9	10	11	12
オホーツク海		■	■	■	■	■	■	■	■	■	■	■
東北沿岸				■								
富山湾		■	■	■	■				■	■	■	■
相模湾		■	■	■	■	■	■	■	■	■	■	■
瀬戸内海					■					■	■	
有明海				■								

【類似種、間違い易い種】
Chaetoceros lorenzianus

登録遺伝子配列

第2章 キートケロス図鑑 79

Chaetoceros densus (Cleve) Cleve 1899

No synonyms

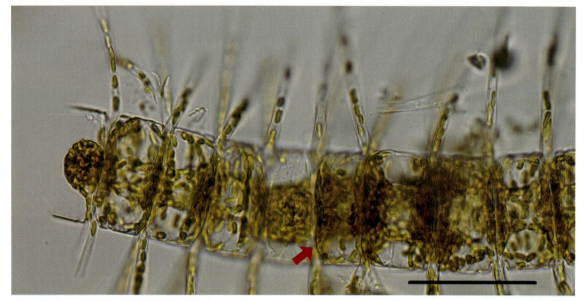

scale bar : 50μm

【形態的特徴】
- 群体は直線的で捻じれない。
- 末端刺毛と連結刺毛に形態的な違いは無い。細胞端から出た刺毛は、やがて群体軸に沿って一方向に伸びる。刺毛の断面は四角形で、表面構造は、細孔が網目状に背列し、四隅の角に小棘が並ぶ。これらはSEMでしか観察できない。
- マントルの縫線は不明瞭である。
- バルブ面は平坦で表面は滑らか。
- 空隙は極めて狭く、LM観察では密着している様に見える。
- 顆粒状の葉緑体が複数存在する。
- 細胞サイズ(頂軸長)：18〜45μm
- 休眠胞子は確認されなかった。

【同定ポイント】
- 形態の酷似する *C. danicus* とは、刺毛の放射方向が群体軸に沿う点で異なり、また、*C. borealis* は、空隙が六角形に空く点で区別可能である。

1. 栄養細胞 (天然)

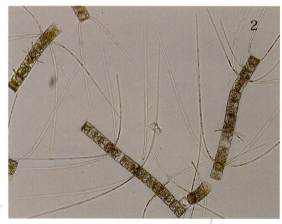

2. 栄養細胞 (培養)

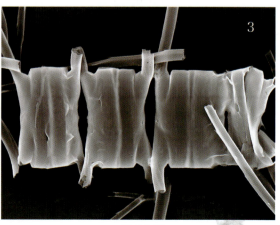

3. 栄養細胞

Chaetoceros densus (Cleve) Cleve 1899

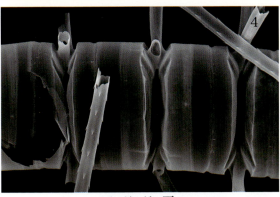

4. ガードル面

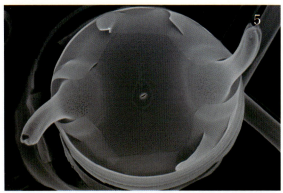

5. バルブ面

6. 刺毛 基部

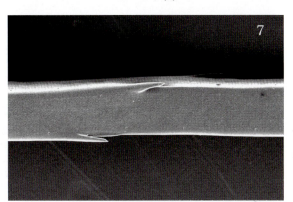

7. 刺毛 中央

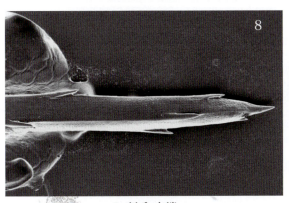

8. 刺毛 末端

9. 刺毛 断面

出現地点／出現時期	1	2	3	4	5	6	7	8	9	10	11	12
富山湾		■			■						■	■
相模湾	■			■	■			■		■	■	■
瀬戸内海											■	

【類似種、間違い易い種】

Chaetoceros borealis
Chaetoceros danicus

18 S　　28 S

登録遺伝子配列

第2章 キートケロス図鑑　　81

Chaetoceros denticulatus H.S.Lauder 1864

No synonyms

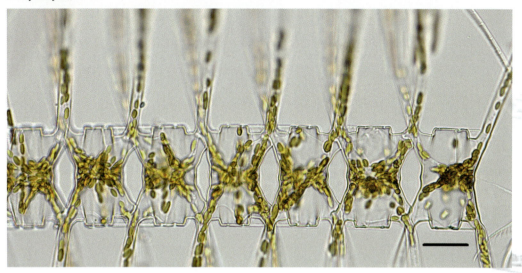

scale bar : 20μm

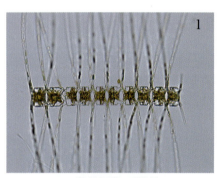

1. 栄養細胞 天然株

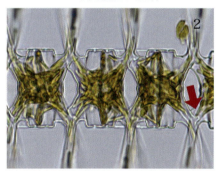

2. 栄養細胞 天然株

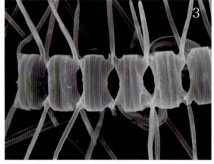

3. 栄養細胞

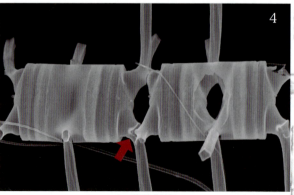

4. 栄養細胞

【形態的特徴】
- 群体は直線的で捻じれない。
- 末端刺毛と連結刺毛に形態的な差は無い。細胞端から放出された刺毛は、細胞軸に対しほぼ直角に伸びる。刺毛の断面は四角形で、表面には細孔が網目状に整列しており、四隅の角に小棘が並ぶが、これらはSEMでしか確認できない。刺毛基部の交点には小突起がありこの突起がもう一方の刺毛基部に食い込んで結合している状況がSEM観察により確認できる。この小突起は、LMでも観察可能である。
- バルブ面は中央付近で僅かに隆起する。また、中央部にわずかな小突起があるが、LM観察することは難しい。
- マントルには明瞭な縫線がある。
- 空隙は中央部が少し膨らんだ披針形。
- 顆粒状の葉緑体が複数存在し、これらは刺毛中に貫入する。
- 細胞サイズ（頂軸長）：15〜45μm
- 休眠胞子は確認されなかった。

【同定ポイント】
- 本種は *C. borealis* に酷似するが、刺毛交点部分の小突起の有無により区別することが可能である。

Chaetoceros denticulatus H.S.Lauder 1864

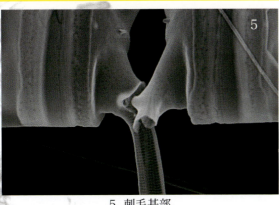
5. 刺毛基部

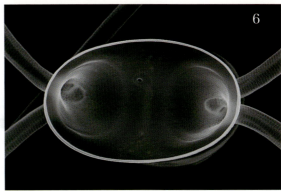
6. バルブ面

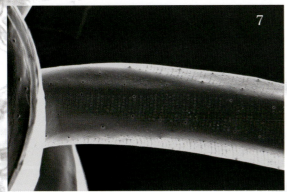
7. 刺毛 基部

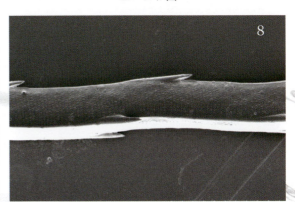
8. 刺毛 中央部

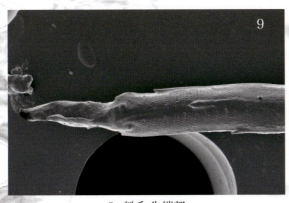
9. 刺毛 先端部

10. 刺毛 断面

出現地点／出現時期	1	2	3	4	5	6	7	8	9	10	11	12
相模湾		■								■	■	■
瀬戸内海										■		

【類似種、間違い易い種】
Chaetoceros borealis

登録遺伝子配列

Chaetoceros diadema (Ehrenberg) Gran 1897

Basionym : *Syndendrium diadema*
Synonyms : *Chaetoceros groenlandicus, Chaetoceros alfsii, Chaetoceros paradoxus, Chaetoceros diadema* var. *genuinus*

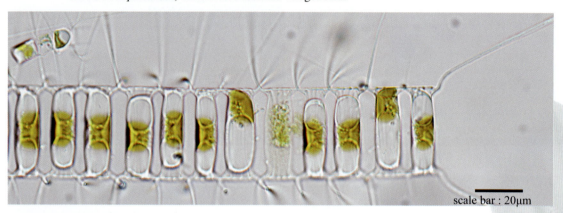

scale bar : 20μm

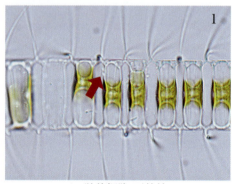

1. 栄養細胞 天然株

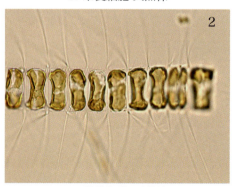

2. 栄養細胞 天然株

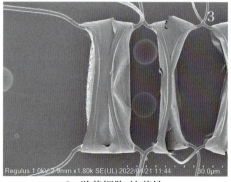

3. 栄養細胞 培養株

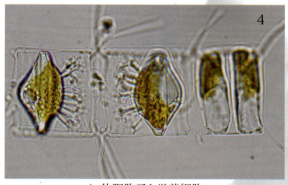

4. 休眠胞子と栄養細胞

【形態的特徴】
- 群体は直線的で捻じれない。
- 末端刺毛は、連結刺毛と比較するとやや太い。刺毛断面は六角形で、表面構には細孔が一列に並び、隅角に小棘が並ぶが、これらはSEMでしか観察できない。
- マントルには明瞭な縫線がある。
- バルブ面は中央に向かって僅かに隆起する。末端細胞のみ複数の小棘がある場合がある(写真3)が、LMでは見えない。
- 空隙は中央部が若干膨らんだ六角形。
- 板状の葉緑体が1個存在する。
- 細胞サイズ(頂軸長)：10〜41μm
- 休眠胞子の初成殻はドーム状で、表面には複数の樹状突起があり、マントルは滑らか。後成殻もドーム状で、表面は滑らか。

【同定ポイント】
- 群体は直線的。栄養細胞は横幅が広く、空隙は六角形で狭いものが多い。このような細胞はある程度種同定は可能であるが、正確な種同定には休眠胞子の確認が必要である。
- 休眠胞子の形成中は、幅より高さが増し通常の栄養細胞と大きく異なった形態をとる傾向にあるので、種同定には注意が必要である。

Chaetoceros diadema (Ehrenberg) Gran 1897

5. 休眠胞子

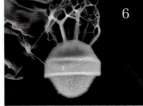
6. 休眠胞子(縦長)

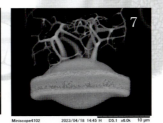
7. 休眠胞子(横長)

8. 休眠胞子イラスト

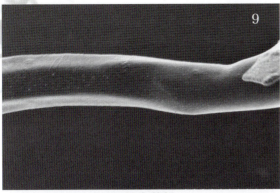
9. 刺毛 基部

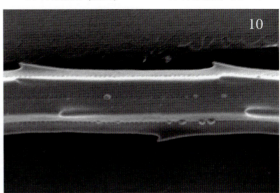
10. 刺毛 中央部

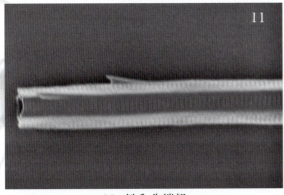
11. 刺毛 先端部

12. 刺毛 断面

出現地点／出現時期	1	2	3	4	5	6	7	8	9	10	11	12
オホーツク海			■	■	■	■	■	■	■	■	■	■
東北沿岸				■	■		■		■	■		
富山湾	■	■	■	■	■				■	■		
相模湾			■		■	■	■	■	■	■		
土佐湾							■					
瀬戸内海							■		■			

【類似種、間違い易い種】

Chaetoceros constrictus
Chaetoceros laciniosus

登録遺伝子配列

Chaetoceros didymus Ehrenberg 1845

Heterotypic synonym : *Chaetoceros didymus* var. *genuinus* Gran 1914

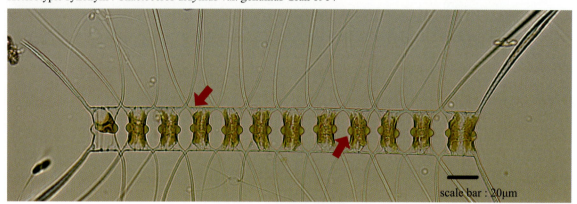

scale bar : 20μm

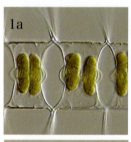
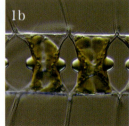
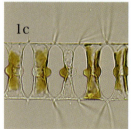
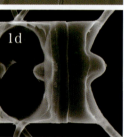

1 a~d. 栄養細胞 天然株

【形態的特徴】
- 群体は直線的で捻じれない。
- 末端刺毛は連結刺毛より太く、中央部で太くなる。刺毛断面は五角形で、連結刺毛の表面は、細孔が一列に並び、隅角に小棘が並ぶ。これらの構造はSEMでしか観察できない。
- マントルには明瞭な縫線がある。
- バルブ面の中央には、明瞭なドーム状の突起がある。
- 空隙は、ピーナッツ型である。
- 板状の葉緑体が1～2個存在する。
- 細胞サイズ(頂軸長)：15～42μm
- 休眠胞子の初成殻はドーム状で、表面には複数の顆粒状の突起が複数あり、マントルは滑らかである。後成殻は平坦で、縁辺から刺毛を伸ばし、隣り合う細胞の刺毛と癒合することで、細胞同士が向き合った状態になる。この際にできた栄養細胞で言うところの空隙には薄い膜(シース)が形成されることが多い。

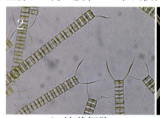

2. 培養細胞　　　　3. 休眠胞子

【同定ポイント】
- バルブ面中央の明瞭な突起が特徴である。本種は近年多くの別種や亜種の存在が示唆されており、今後、種の細分化が進むと予想される。よって、今後の種同定の際には注意が必要である。次ページの *C. didymus* var. *anglicus* は本種の亜種であり、刺毛が群体軸縁の外側で交差する点で区別可能である。

4. 休眠胞子イラスト

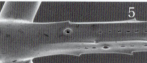

5. 刺毛表面構造 基部　　6. 刺毛表面構造 中央部

7. 刺毛表面構造 先端付近　　8. 刺毛表面構造 断面

18 S　　　28 S

登録遺伝子配列

出現地点／出現時期	1	2	3	4	5	6	7	8	9	10	11	12
オホーツク海				■	■	■	■	■	■	■	■	■
東北沿岸				■								
富山湾	■	■	■	■	■	■		■	■		■	
相模湾	■	■	■	■	■	■	■	■	■	■	■	■
瀬戸内海								■	■			

Chaetoceros didymus Ehrenberg 1845

Chaetoceros didymus var. *anglicus* (Grunow) Gran 1908

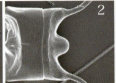
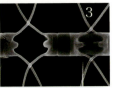

1. 2. 3. 栄養細胞 (ガードル正面)

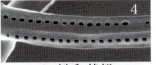

4. 刺毛 基部

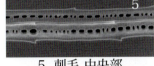

5. 刺毛 中央部

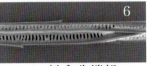

6. 刺毛 先端部

7. 刺毛 断面

Chaetoceros didymus は複数の変種の記載がある。中でも連結刺毛の交点が、群体軸の殻縁よりかなり離れた外で交差するものを *Chaetoceros didymus* var. *anglicus* (Grunow) Gran 1908 とし、それよりやや内側で交差するものを var. *protuberans* (H.S.Lauder) Gran & K.Yendo 1914 とされているが不明瞭である。

正確に分けるには、休眠胞子の形態で分けるか、遺伝子解析により判別する以外にない。

本書では、便宜上栄養細胞の刺毛の交点の位置で分けて分類したが、var. *anglicus* と var. *protuberans* の中間的なものも存在もあり、難しい。

なおLauder (1864) は、当初 *C. didimus* ではなく別種として *C. protuberans* を登録したが、後にGran & K.Yendo (1914)が *C. didimus* の変種として再度記載している。

【形態的特徴】
- 群体は直線的で捻じれない。
- 末端刺毛は連結刺毛よりやや太い。刺毛の交点は、群体軸より離れた位置で交差する。刺毛の断面は五角形で、表面には細孔が一列に並び、隅角に小棘が配置されている。これらはSEMでしか観察できない。
- マントルには明瞭な縫線がある。
- バルブ面の中央には、明瞭なドーム状の突起がある。
- 空隙はピーナッツ型である。
- 板状の葉緑体が2個存在する。
- 細胞サイズ(頂軸長)：9〜24μm
- 休眠胞子は確認されなかった。

出現地点／出現時期	1	2	3	4	5	6	7	8	9	10	11	12
オホーツク海				■	■	■	■	■	■	■	■	
富山湾					■						■	
相模湾				■	■	■	■	■	■	■	■	
土佐湾							■	■	■			
瀬戸内海									■			

18 S

28 S

登録遺伝子配列

Chaetoceros sp. (cf. *protuberans* Lauder 1864)

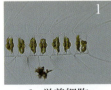

1. 栄養細胞
ガードル正面

3. 栄養細胞
ガードル正面

2. 栄養細胞
ガードル正面

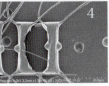

4. 栄養細胞
ガードル正面

5. 刺毛 基部

7. 刺毛 先端部

6. 刺毛 中央部

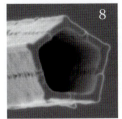

8. 刺毛 断面

18 S

28 S

登録遺伝子配列

Chaetoceros distans Cleve 1873

No synonyms

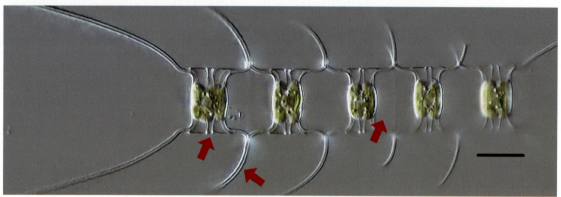

scale bar : 20μm

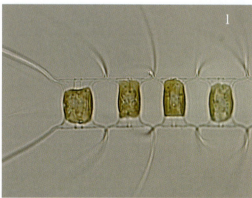

1. 栄養細胞 天然株

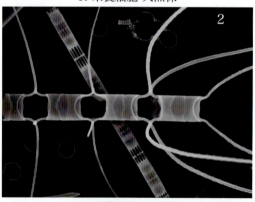

2. 栄養細胞 天然株

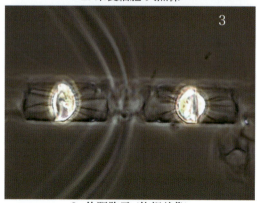

3. 休眠胞子 (位相差像)

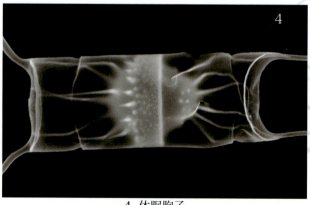

4. 休眠胞子

【形態的特徴】
- 群体は直線的で捻じれない。
- 末端刺毛は連結刺毛よりわずかに太い、末端刺毛はガードル面に対し八の字型に広がって伸びる。刺毛の断面は五角形で、表面には細孔が直線的に並び、隅角に小棘が一定間隔で配置されている。これらはSEMでしか観察できない。
- マントルには明瞭な縫線がある。
- バルブ面は中央向かって緩やかに隆起する。
- 空隙は本属の中でも最も広く、ピーナッツ型である。
- 板状の葉緑体が1個存在する。
- 細胞サイズ(頂軸長)：12〜28μm
- 休眠胞子の初成殻は緩やかなドーム状で、表面には複数の細く長い棘があり、マントル縁辺から柵状刺が伸びる。後成殻はドーム状で、中心付近に複数の長い棘を伸ばす。

【同定ポイント】
- 本種は *C. seiracanthus* と似た形態をとるが、明瞭な縫線があることと、極めて大きな空隙により区別することができる。また本種は *C. laciniosus* にも似るが、末端刺毛の放射方向が全く異なり、本種は八の字に放射されるのに対し、*C. laciniosus* は互いの刺が先端に向けて近づきながら伸びる。ただし、本種を培養するとこの形態的特徴が徐々に薄れてしまう。
- 本種の栄養細胞は、*C. rotosporus* と酷似するため、この2種を形態学的に分類するためには、休眠胞子の観察が必須となる。

Chaetoceros distans Cleve 1873

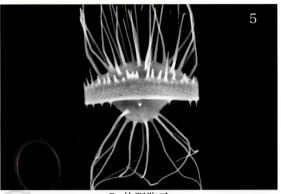
5. 休眠胞子

6. 休眠胞子イラスト

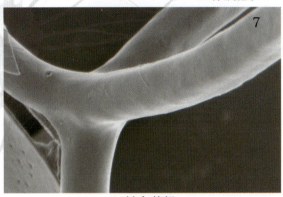
7. 刺毛 基部

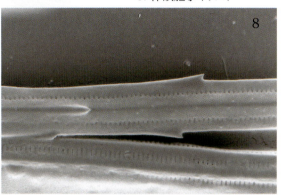
8. 刺毛 中央部

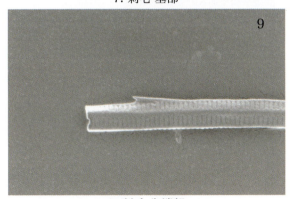
9. 刺毛 先端部

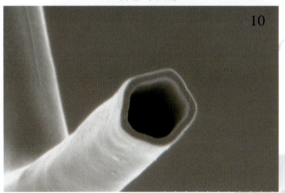
10. 刺毛 断面

出現地点／出現時期	1	2	3	4	5	6	7	8	9	10	11	12
オホーツク海								■	■	■		
富山湾									■	■	■	
瀬戸内海									■	■		

【類似種、間違い易い種】
Chaetoceros laciniosus
Chaetoceros seiracanthus
Chaetoceros rotosporus

特記事項：AlgaeBaseでは、*distans* は、*dichaeta* のシノニムとなっており、またシェフチェンコら(2006)は *C. laciniosus* のシノニムとして扱っているが、休眠胞子は異なり明確に別種である。

18 S

28 S

登録遺伝子配列

Chaetoceros diversus Cleve 1873

No synonyms

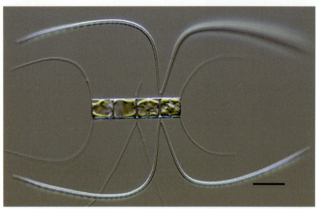

scale bar : 20μm

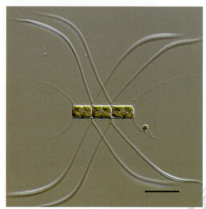

scale bar : 20μm

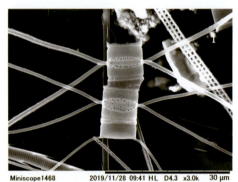
1. 栄養細胞 天然株

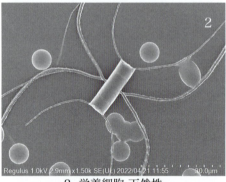
2. 栄養細胞 天然株

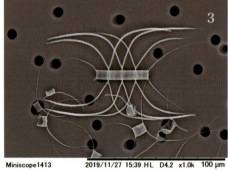
3. 栄養細胞 天然株

4. 栄養細胞 天然株

【形態的特徴】
- 群体は直線的で捻じれない。また群体中の細胞数は、2～4個前後であり、それ以上は長くならない。
- 末端刺毛と連結刺毛に形態的な違いは無い。ただし、連結刺毛の一部が他の刺毛に比べ著しく太くなる。刺毛は基部で癒合し、その後分岐して伸び、先端付近で細胞軸に平行になるように湾曲する。刺毛の表面には小孔が並び、隅角に小棘が配置されている。刺毛は、中央部付近から断面が円形へと変化する。
- マントルの縫線は不明瞭である。
- バルブ面は平滑である。
- 空隙は密着しているが、SEMで観察すると細孔が空く細胞が稀にある。
- 板状の葉緑体が1個存在する。
- 細胞サイズ（頂軸長）：6～14μm
- 休眠胞子は確認されなかった。

【同定ポイント】
- 群体の細胞数は2～6細胞以下。末端刺毛は細く、中央の太い刺毛が特徴的であり、種同定は比較的容易である。

Chaetoceros diversus Cleve 1873

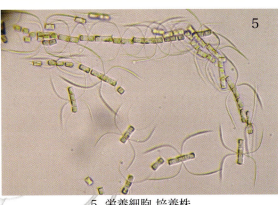
5. 栄養細胞 培養株

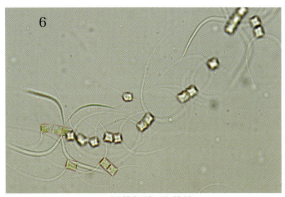
6. 栄養細胞 培養株

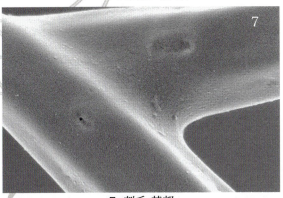
7. 刺毛 基部

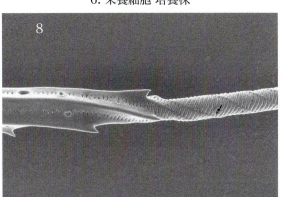
8. 刺毛 中央部

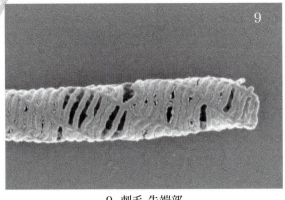
9. 刺毛 先端部

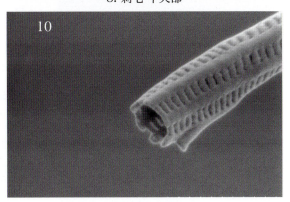
10. 刺毛 断面

出現地点／出現時期	1	2	3	4	5	6	7	8	9	10	11	12
富山湾											■	
相模湾	■								■	■	■	
土佐湾							■					
鹿児島湾										■		

【類似種、間違い易い種】
Chaetoceros laeve

18 S

28 S

登録遺伝子配列

第2章 キートケロス図鑑　91

Chaetoceros eibenii Grunow 1882

Synonyms : *Chaetoceros paradoxus* var. *eibenii*

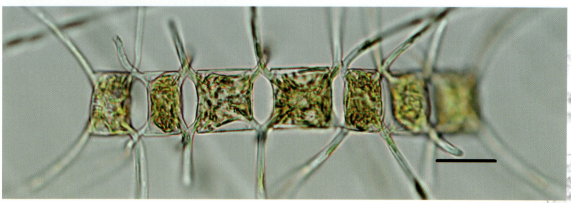

scale bar : 50μm

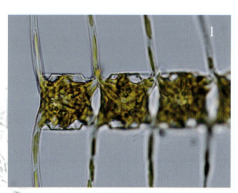

1. 栄養細胞 天然株

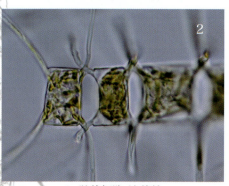

2. 栄養細胞 培養株

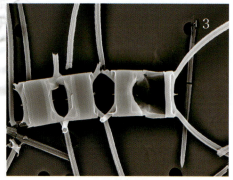

3. 栄養細胞

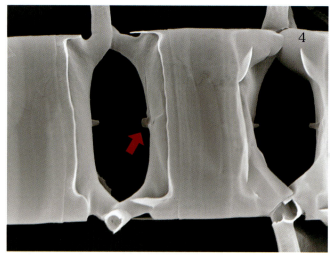

4. 栄養細胞

【形態的特徴】
- 群体は直線的で捻じれない。
- 末端刺毛と連結刺毛の太さは同じである。刺毛の断面は、6～7角形で、表面に鱗状の構造が確認でき、隅角に小棘が並ぶ。これらの構造はSEMでしか観察できない。
- マントルの縫線は不明瞭である。
- バルブ面は平滑で、中央に明瞭な突起がある。
- 空隙は縦長の六角形。
- 不定形の葉緑体が1個存在する。
- 休眠胞子の初成殻は、緩やかなアーチ状の形態を呈し、後成殻は、より発達したドーム状で、細胞表面は滑らかである。
- 細胞サイズ（頂軸長）：25～50μm
- 休眠胞子は栄養細胞と比較して大きく、これは増大胞子から休眠胞子が形成されるためである。初生殻及び後成殻ともに表面は滑らかなドーム状である。堆積物中でも非常に大きいために目立つ。

【同定ポイント】
- 群体は直線的で刺毛は太く、空隙は六角形であり、バルブ面中央に必ず1個の小さな棘があることから、光学顕微鏡でも種同定は容易である。

Chaetoceros eibenii Grunow 1882

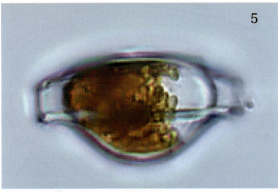
5. 休眠胞子

6. 休眠胞子イラスト

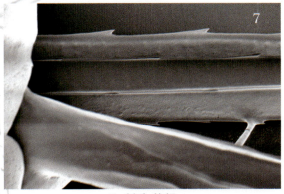
7. 刺毛 基部

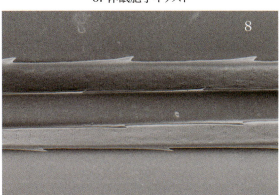
8. 刺毛 中央部

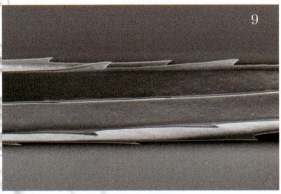
9. 刺毛 先端部

10. 刺毛 断面

出現地点／出現時期	1	2	3	4	5	6	7	8	9	10	11	12
富山湾		■										■
相模湾										■		

【類似種、間違い易い種】　無し

18 S

28 S

登録遺伝子配列

第2章 キートケロス図鑑　　93

Chaetoceros furcellatus Yendo 1911

No synonyms

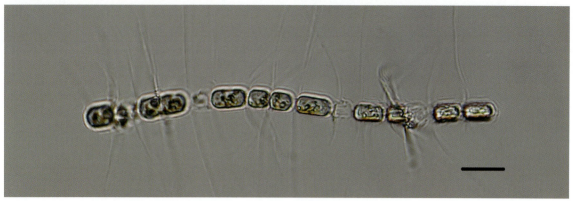

scale bar : 20μm

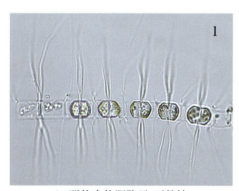

1. 群体内休眠胞子 天然株

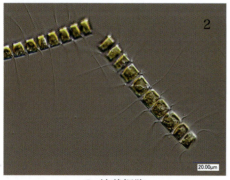

2. 培養細胞

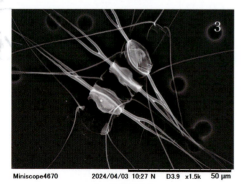

3. 休眠胞子

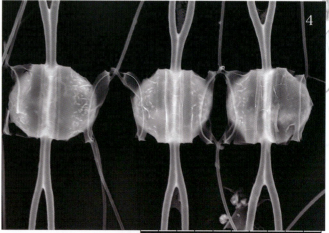

4. 休眠胞子

【形態的特徴】

- 群体はわずかに曲がり、捻れる。
- 末端刺毛と連結刺毛に形態的な違いは無い。刺毛の断面は円形で、表面には、細孔と小棘が螺旋状に並ぶが、これらはSEMでしか観察できない。休眠胞子の形成過程で、隣接する刺毛の基部付近が癒合し、群体軸縁から少し離れた所で分岐するようになる。
- マントルの縫線は不明瞭である。
- バルブ面は滑らかで中央に向かって僅かに隆起する。
- 空隙は狭い六角形。
- 板状の葉緑体が1個存在する。
- 細胞サイズ（頂軸長）：8～14μm
- 休眠胞子の初成殻はドーム状で、表面には複数の脈状構造（vein）があり、マントルは滑らかである。後成殻は、縁辺から太い刺毛を伸ばし、隣りの細胞の刺毛と癒合することで『ニコイチ』となる。後殻は極めて薄く、隣の細胞と密着している。

【同定ポイント】

- 空隙が狭く披針形をなすこと以外に特徴に乏しく、休眠胞子を形成する際に生じると癒合した特徴的な刺毛が本種を種同定する際の鍵になる。

Chaetoceros furcellatus Yendo 1911

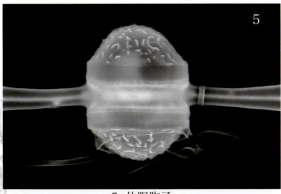
5. 休眠胞子

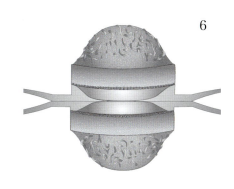
6. 休眠胞子イラスト

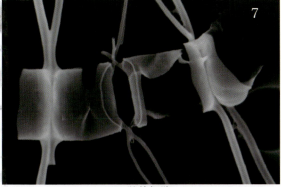
7. 栄養細胞

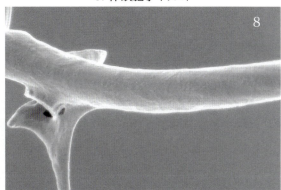
8. 刺毛 基部

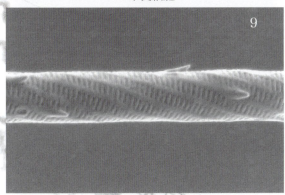
9. 刺毛 中央部

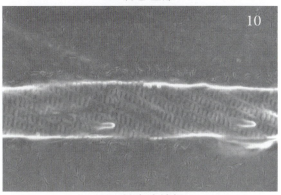
10. 刺毛 先端部

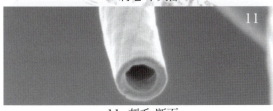
11. 刺毛 断面

12. 基部の癒合刺毛

出現地点／出現時期	1	2	3	4	5	6	7	8	9	10	11	12
オホーツク海				■								
東北沿岸					■							

【類似種、間違い易い種】
連結刺毛の中の特別太い刺毛が消失した *Chaetoceros compressus* もしくは *Chaetoceros contortus*。

第2章 キートケロス図鑑　　95

Chaetoceros laciniosus F. Schütt 1895

No synonyms

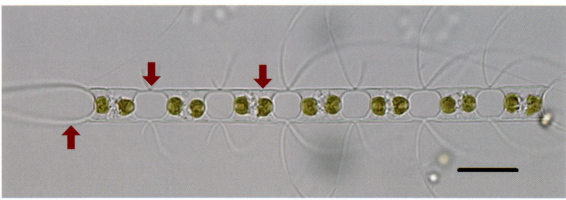

scale bar : 20μm

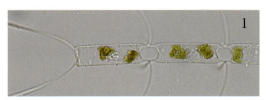

1. ガードル正面

2. ガードル側面

3. 栄養細胞

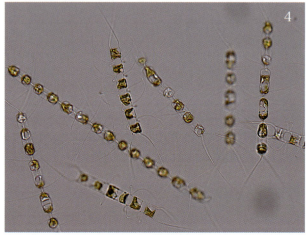

4. 培養細胞

5. 培養細胞

6. 末端刺毛

【形態的特徴】
- 群体は直線的で捻じれない。
- 末端刺毛と連結刺毛は、その太さと放射方向が大きく異なる。末端刺毛は、連結刺毛より太く、細胞軸に対し平行に放射された後、互いの刺毛が近付きながら伸び、最終的には交差することが多い。刺毛の断面は、円形で、表面には、細孔と小棘が螺旋状に並ぶ。これらの構造はSEMでしか観察できない。
- マントルには縫線があり、LMでも観察可能である。
- バルブ面は滑らかで、中央に向けて緩やかに隆起する。
- 空隙は広く、四角く空くが、その大きさには個体差がある。
- 板状の葉緑体が2個存在し、上下のバルブ面に張り付くように配置されることが多い。
- 細胞サイズ（頂軸長）：11〜25μm
- 休眠胞子の初成殻はドーム状で、表面に複数の短い毛状刺が伸び、マントルは滑らかである。後成殻もドーム状で表面は扁平、構造物は認められない。

【同定ポイント】
- 広い空隙間と、先端で交差する特徴的な末端刺毛により、光学顕微鏡による栄養細胞だけの観察で、種同定が可能である。
- Shevchenko et al. (2006) は、形態学的に *C. laciniosus* Schütt を *C. distans* Cleve のシノニムと指摘しているが、休眠胞子の形態が異なるため、別種であると考えられる。
- 本種は *C. rotosporus*、*C. seiracanthus* にも似るが、本種の末端刺毛の放射方向の違いで、明確に区別できる。

Chaetoceros laciniosus F. Schütt 1895

7. 休眠胞子

8. 休眠胞子イラスト

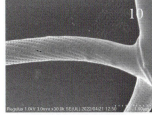
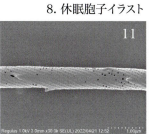

9. 休眠胞子

10. 連結刺毛 基部

11. 連結刺毛 中央部

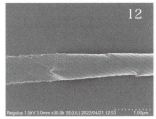
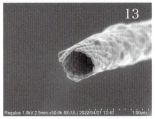
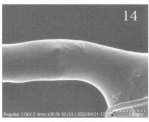

12. 連結刺毛 先端部

13. 連結刺毛 断面

14. 末端刺毛 基部

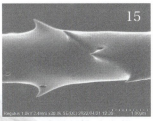
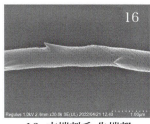

15. 末端刺毛 中央部

16. 末端刺毛 先端部

出現地点／出現時期	1	2	3	4	5	6	7	8	9	10	11	12
オホーツク海			■	■	■	■	■	■	■	■	■	■
東北沿岸					■							
富山湾				■					■	■	■	
相模湾							■	■		■		
土佐湾												
瀬戸内海								■				

【類似種、間違い易い種】
Chaetoceros distans
Chaetoceros rotosporus
Chaetoceros seiracanthus

18 S

28 S

登録遺伝子配列

Chaetoceros lauderi Ralfs ex Lauder 1864

Synonyms : *Chaetoceros weissflogii*

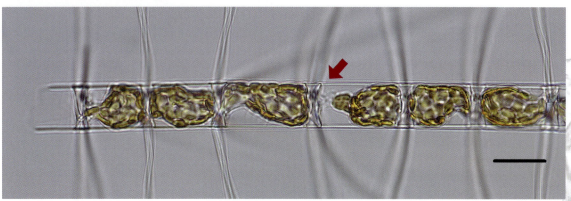

scale bar : 20μm

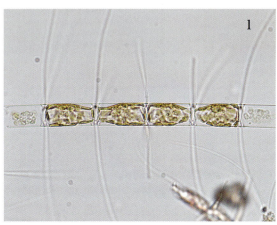

1. 栄養細胞

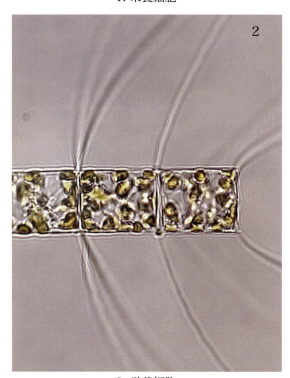

2. 栄養細胞

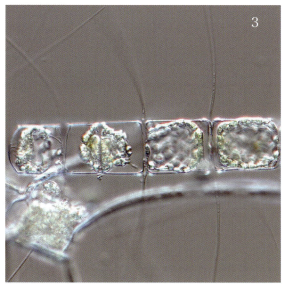

3. 栄養細胞

【形態的特徴】
・群体は直線的で捻じれない。
・末端刺毛と連結刺毛に形態的な違いは無い。刺毛は群体軸よりほぼ直角に放射され、僅かに湾曲して伸びる。刺毛の表面には細孔と小棘が螺旋状に並ぶが、これらはSEMでしか観察できない。
・マントルの縫線は不明瞭である。
・空隙はほとんど空きがなく、ほぼ密着している。
・バルブ面は平滑で、中央に板状の突起がある。(写真4)
・粒状の葉緑体が複数存在する。
・細胞サイズ(頂軸長)：13～37μm
・休眠胞子の初成殻は発達したドーム状で、表面には複数の棘が伸び、マントル縁辺には瘤状突起(knob)が並ぶ。後成殻は、緩やかなドーム状で、マントル縁辺から毛状刺が伸びる。

【同定ポイント】
・本種は*Chaetoceros teres*に形態が酷似する。正確な種同定には休眠胞子の確認が必須である。

Chaetoceros lauderi Ralfs ex Lauder 1864

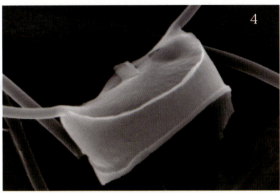
4. バルブ面

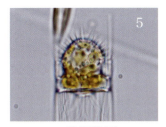
5. 休眠胞子

6. 休眠胞子イラスト

7. 休眠胞子

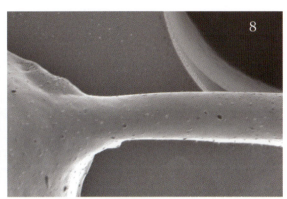
8. 連結刺毛 基部

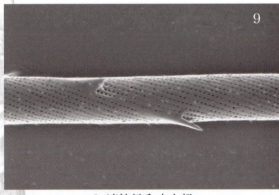
9. 連結刺毛 中央部

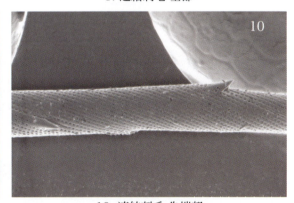
10. 連結刺毛 先端部

出現地点／出現時期	1	2	3	4	5	6	7	8	9	10	11	12
オホーツク海					■	■	■	■	■	■		
相模湾							■					

【類似種、間違い易い種】
Chaetoceros teres

登録遺伝子配列

第2章 キートケロス図鑑　99

Chaetoceros lepidus X.D.Lu, Zuoyi Chen & Yang Li 2023

No synonyms

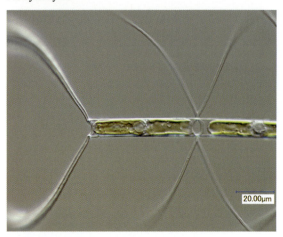
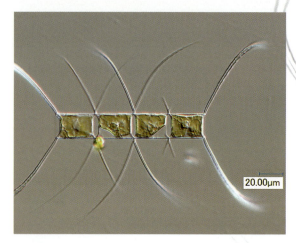

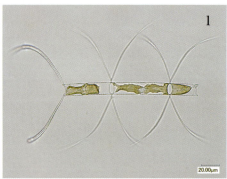
1. 栄養細胞 天然株

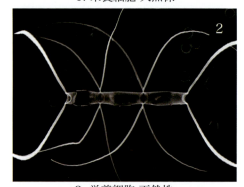
2. 栄養細胞 天然株

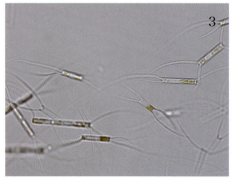
3. 栄養細胞 培養株

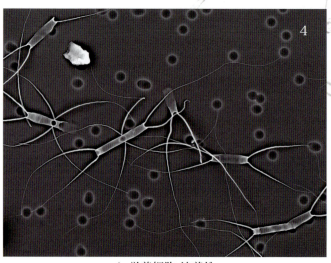
4. 栄養細胞 培養株

【形態的特徴】
- 群体は直線的で捻じれない。
- 末端刺毛は連結刺毛と比べると太く頑強で、先端ほど太くなる。連結刺毛の放射方向は、円弧を描くように湾曲し、互いに向き合いカッコ状になる。刺毛の表面には細孔が一列に並び、螺旋状に配置された小棘が並ぶが、これらはSEMでないと確認できない。両刺毛ともにガードル面に対して平行に伸びる。
- マントルの縫線は不明瞭である。
- バルブ面は平滑である。
- 空隙は狭く細い楕円形。
- 板状の葉緑体が1個存在する。
- 細胞サイズ(頂軸長)：8〜23μm
- 休眠胞子は確認されなかった。

【同定ポイント】
- 本種は、全ての刺毛がガードル面に対して平行に伸びるため、細胞殻及び刺毛が同一平面上(同一焦点深度面)で観察される。この特徴的から、一見すると形態が似ている *C. affinis* や *C. diversus* と明確に区別することができる。

Chaetoceros lepidus X.D.Lu, Zuoyi Chen & Yang Li 2023

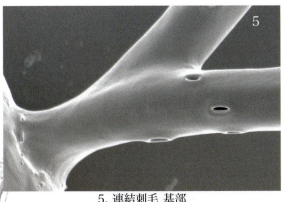
5. 連結刺毛 基部

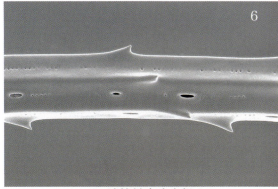
6. 連結刺毛 中央部

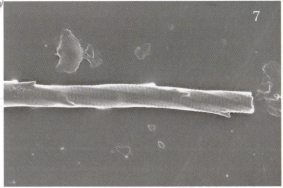
7. 連結刺毛 先端部

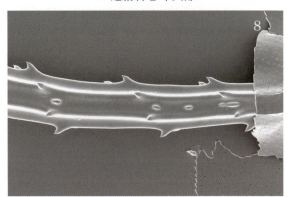
8. 末端刺毛 基部

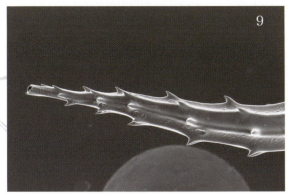
9. 末端刺毛 先端部

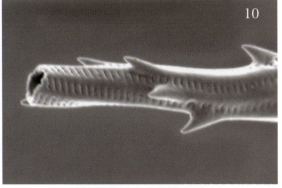
10. 末端刺毛 先端部 拡大

出現地点／出現時期	1	2	3	4	5	6	7	8	9	10	11	12
相模湾			■							■	■	■

【類似種、間違い易い種】
Chaetoceros affinis
Chaetoceros diversus

登録遺伝子配列

第2章 キートケロス図鑑　101

Chaetoceros lorenzianus Grunow 1863

Synonyms : *Chaetoceros cellulosus*

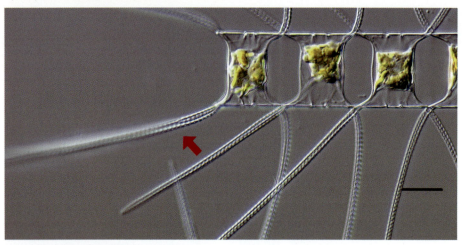

scale bar : 50μm

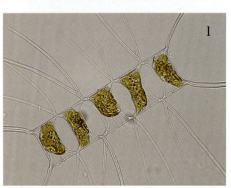

1. 栄養細胞 天然株

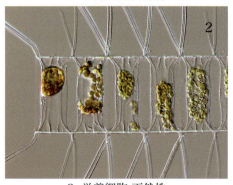

2. 栄養細胞 天然株

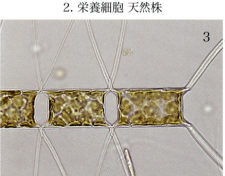

3. 栄養細胞 天然株

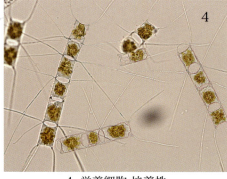

4. 栄養細胞 培養株

【形態的特徴】
- 群体は直線的で捻じれない。
- 末端刺毛は連結刺毛と比べると、太く頑強。刺毛表面の網目状の構造はLMで観察可能である。これらの構造をSEM観察すると、楕円形の孔が連続的に並び、隅角に小棘が並んでいる。
- マントルには、明瞭な縫線がある。
- バルブ面は滑らかで、中央付近で僅かに隆起する。
- 空隙は六角形ピーナッツ型に広く空く。
- 顆粒状の葉緑体が複数存在する。
- 細胞サイズ（頂軸長）：10〜55μm
- 休眠胞子の初成殻には2つの円錐状突起(conical elevation)があり、その頂点から樹状突起を伸ばす。初成殻及び後成殻のマントルは平滑である。後成殻の外形はドーム状で表面は滑らかである。

【同定ポイント】
- 本種と *C. decipiens* は、形態が酷似するが、刺毛基部の癒合の状態で、判別可能である。すなわち、本種の刺毛の基部での癒合箇所が僅かであるのに対し、*C. decipiens* は長く癒合した後に分岐する。さらに、本種は *C. mitra* とも形態が酷似する。本種の刺毛表面にはLMでも観察可能な表面構造を有するが、*C. mitra* にこれを見ることはできない。さらに休眠胞子を確認することができればより正確な種同定ができる。
- 近年DNAや微細構造、休眠胞子などから本種をさらに3種に分類した論文(Yang Li 他 2017)が発表されているが、本稿では旧来の *C. lorenzianus* として扱った。

【類似種、間違い易い種】
Chaetoceros decipiens
Chaetoceros mitra

Chaetoceros lorenzianus は現在以下の3種に分けられた。
① *C. elegans*
② *C. laevisporus*
③ *C. mannaii*

Chaetoceros lorenzianus Grunow 1863

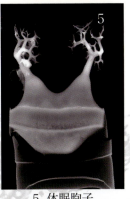
5. 休眠胞子

6. 休眠胞子イラスト

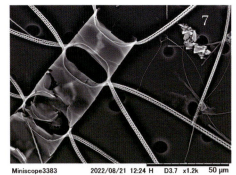
7. 栄養細胞と刺毛

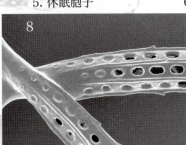
8. 刺毛 基部

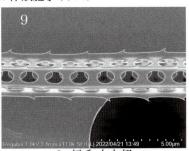
9. 刺毛 中央部

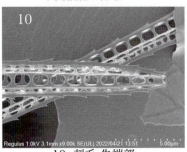
10. 刺毛 先端部

出現地点／出現時期	1	2	3	4	5	6	7	8	9	10	11	12
オホーツク海			■	■		■	■	■	■	■	■	■
富山湾	■	■	■	■	■	■			■	■	■	■
相模湾	■	■	■	■	■	■	■	■	■	■	■	■

18 S　　28 S
登録遺伝子配列

Chaetoceros mitra (Bailey) Clave 1896

Synonyms : *Dicladia mitra* J.W.Bailey 1856

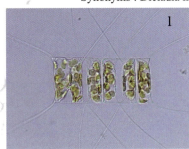
1. 出芽細胞(休眠胞子培養)

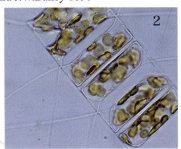
2. 出芽細胞(休眠胞子培養)

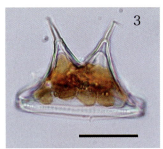
3. 休眠胞子

【形態的特徴】
・群体は直線的で捻じれない。
・末端刺毛は連結刺毛と比べると、やや太い。刺毛は、*C. lorenzianus* に比べると細く、LMでは、その網目構造は確認されなかった。
・マントルの縫線は不明瞭である。
・バルブ面は平滑である。
・空隙は六角形に空く。
・顆粒状の葉緑体が複数存在する。
・休眠胞子の初成殻は *C. lorenzianus* に似て2つの円錐状を成すが、後成殻がほとんど平(たいら)であるという点で形態が大きく異なる。

【同定ポイント】
・本種は *C. lorenzianus* に似るが、前項で述べたように、刺毛表面構造の有無で区別可能であり、休眠胞子の確認を行うことでより正確な種同定を行うことができる。

Chaetoceros messanensis Castracane 1875

Synonyms : *Chaetoceros furca*

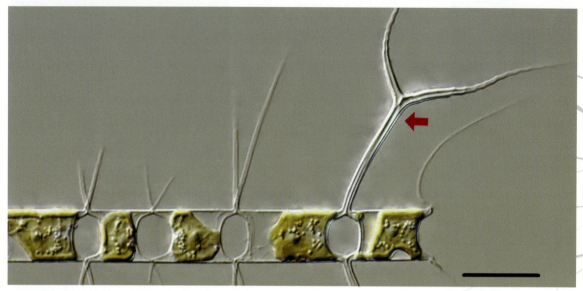

scale bar : 20μm

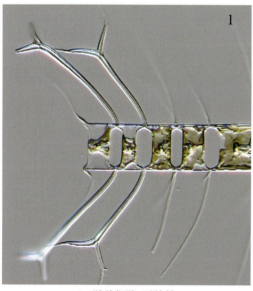

1. 栄養細胞 天然株

【形態的特徴】
- 群体は直線的で捻じれない。
- 末端刺毛と連結刺毛に、通常は形態的な違いはないが、連結刺毛の一部が他の刺毛と異なり、太く、先端近くで2分岐する。分岐後の刺毛表面には螺旋状に小棘が並び、これらはLMで観察可能である。連結刺毛の断面は円形で、表面には、細孔と小棘が螺旋状に連なる。これらの構造はSEMでないと観察できない。尚、2本に分岐する特徴的な刺毛は、継代培養が進むにつれ消失する。
- マントルの縫線は不明瞭である。
- バルブ面は平滑だが、末端細胞にのみ舌状の突起が出ることがある。
- 空隙は楕円形に広く空く。
- 板状の葉緑体が1個存在する。
- 細胞サイズ(頂軸長)：8〜23μm
- 休眠胞子は確認されなかった。

【同定ポイント】
- 連結刺毛にあり、他の刺毛とは異なる太く長い刺毛で、先端近くで2分岐する刺毛が本種の同定ポイントである。

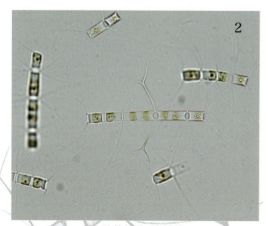

2. 栄養細胞 培養株

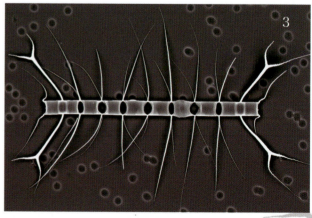

3. 栄養細胞 天然株

Chaetoceros messanensis Castracane 1875

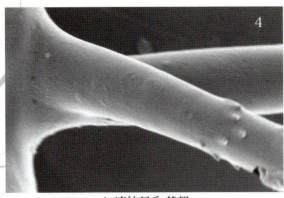
4. 連結刺毛 基部

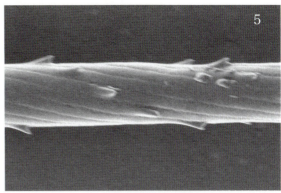
5. 連結刺毛 中央部

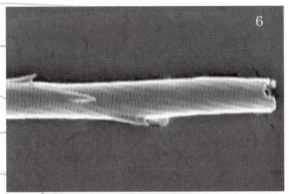
6. 連結刺毛 先端部

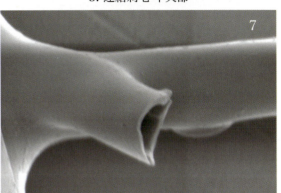
7. 連結刺毛 断面

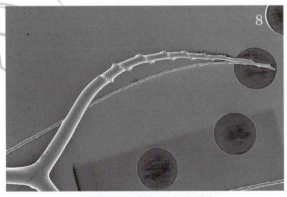
8. 特徴的な連結刺毛 先端部

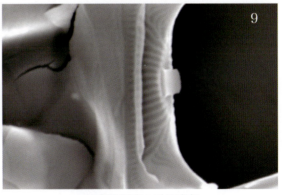
9. 末端細胞の舌状突起

出現地点／出現時期	1	2	3	4	5	6	7	8	9	10	11	12
富山湾											■	■
相模湾		■		■				■		■	■	■
土佐湾							■					

【類似種、間違い易い種】　無し

18 S　　　28 S

登録遺伝子配列

第2章 キートケロス図鑑　　105

Chaetoceros minimus (Levander) Marino, Giuffre, Montresor & Zingone 1991

Synonyms : *Rhizosolenia minima, Monoceros minimum, Monoceros isthmiiformis*

scale bar : 10μm

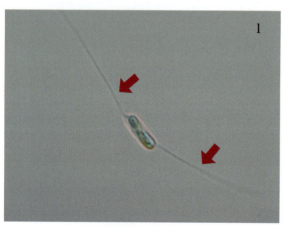

1. 栄養細胞（刺毛2本）

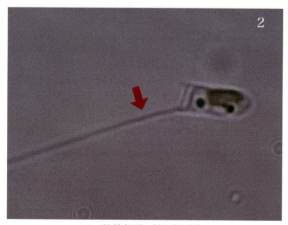

2. 栄養細胞（刺毛1本）

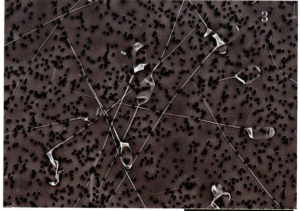

3. 栄養細胞
（刺毛1本と2本の混在）天然株

【形態的特徴】
・群体を形成せず、単細胞性である。
・刺毛は1本の場合と2本の場合があり、これらは同時に出現する場合がある。また、刺毛の断面は円形で、表面構造は、細孔と小棘が螺旋状に連なる。これらの構造はSEMでないと観察できない。
・殻は非常に薄く、マントルの縫線は不明瞭である。
・バルブ面は平滑である。
・不定形の葉緑体が1個存在する。
・細胞サイズ（頂軸長）：3〜8μm
・休眠胞子は確認されなかった。

【同定ポイント】
・本種は、島根県の汽水湖、中海で確認された。筆者の確認した時は、圧倒的に1本の割合が多かったが殆どが2本だったとの報告もある（廣瀬 他 2014）。

Chaetoceros minimus (Levander) Marino, Giuffre, Montresor & Zingone 1991

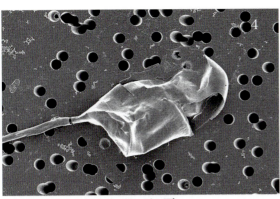
4. ガードル面

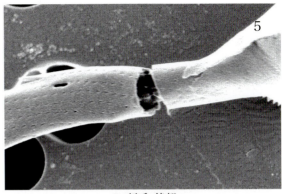
5. 刺毛 基部

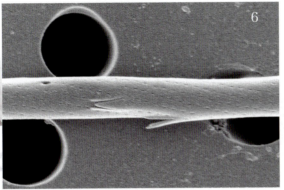
6. 刺毛 中央部

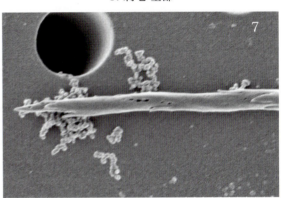
7. 刺毛 先端部

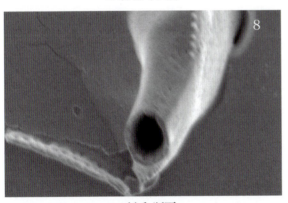
8. 刺毛 断面

出現地点／出現時期	1	2	3	4	5	6	7	8	9	10	11	12
中海								■				

【類似種、間違い易い種】　無し

18 S　　28 S

登録遺伝子配列

第2章 キートケロス図鑑　　107

Chaetoceros paradoxus Cleve 1873

No synonyms

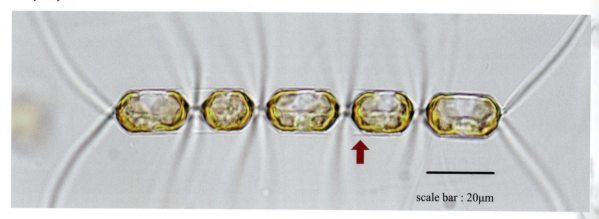

scale bar : 20μm

1. 栄養細胞 ガードル側面

2. 栄養細胞 ガードル正面

【形態的特徴】
- 群体は直線的で捻じれない。
- 末端刺毛は、連結刺毛と比べ、僅かに太い。刺毛は群体軸側面側からほぼ直角に伸びるため、ガードル面から観察することが難しい。刺毛の断面は円形で、表面には細孔と小棘が螺旋状に連なる。これらの構造はSEMでないと観察できない。
- マントルには明瞭な縫線がある。
- バルブ面には複数の毛状突起があり、中央には小突起が確認できた。(写真5)
- 空隙は楕円形である。
- 不定形の葉緑体が2個存在する。
- 細胞サイズ(頂軸長)：9〜65μm
- 休眠胞子は確認されなかった。

【同定ポイント】
- 本種は刺毛の放射方向が特徴的であり、プレパラート上では、ほとんどの場合、細胞を横から観察することになるため、容易に種同定することができる。

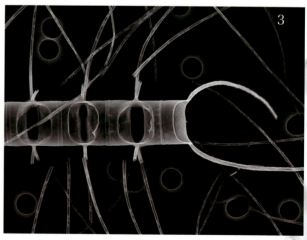

3. 栄養細胞 ガードル正面

Chaetoceros paradoxus Cleve 1873

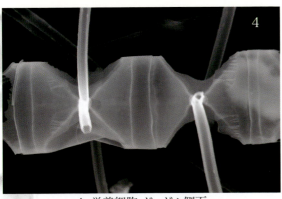
4. 栄養細胞 ガードル側面

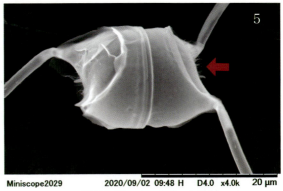
5. 栄養細胞 バルブ面の小突起

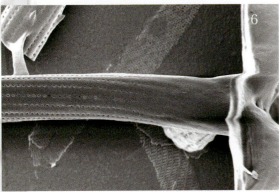
6. 連結刺毛 基部

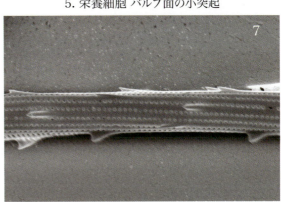
7. 連結刺毛 中間部

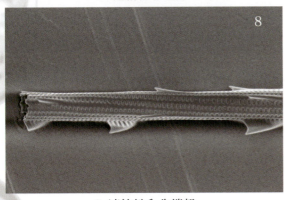
8. 連結刺毛 先端部

9. 連結刺毛 断面

出現地点／出現時期	1	2	3	4	5	6	7	8	9	10	11	12
オホーツク海									■	■	■	
富山湾	■	■			■				■			
相模湾								■		■		
土佐湾							■					
瀬戸内海									■			
鹿児島湾										■		

【類似種、間違い易い種】　　　無し

登録遺伝子配列

Chaetoceros peruvianus Brightwell 1856

Synonyms : *Chaetoceros peruvianus* var. *currens*, *Chaetoceros peruvioatlanticus*
Chaetoceros convexicornis, *Chaetoceros chilensis*

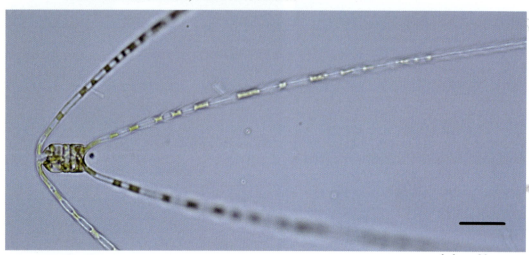

scale bar : 20μm

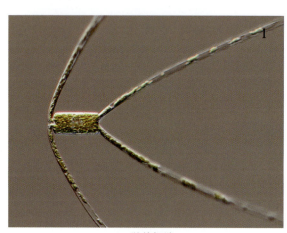

1. 栄養細胞

【形態的特徴】
・群体を形成せず、単細胞性である。
・上殻及び下殻から放出される刺毛の太さに、大きな差はない。上殻から出る刺毛は、一度上向きに放出されて互いに組み合わさった後、左右に分岐し、湾曲しながら細胞軸に平行に伸びる。下殻から放出された刺毛は、八の字状に伸びる。刺毛の断面は四角形で、表面には、網目状に細孔が並び、さらに隅角に小棘が配置される。細孔は、SEMでしか観察できないが、小棘はLMでも観察可能である。
・マントルには明瞭な縫線がある。
・バルブ面は平滑で、上殻下殻共に中央部に小刺が伸びる。
・粒状の葉緑体が複数存在し、これらは刺毛中に貫入する。
・細胞サイズ(頂軸長)：9〜38μm
・休眠胞子は確認されなかった。

【同定ポイント】
・単細胞性の本種は、バルブ面中央部が組み合わさった刺毛の基部に埋もれているのが特徴である。この刺毛は上へ伸びた後、左右に広がり、その湾曲してやがて細胞軸に平行になる。ガードル面の殻帯は明瞭で、下殻の両端から下の刺毛が八の字型に広がる。刺毛には、小刺が無数に存在する。これらの特徴は、*C. concavicornis* に似るが、本種は群体を形成しない点で区物することが可能である。

2. 栄養細胞

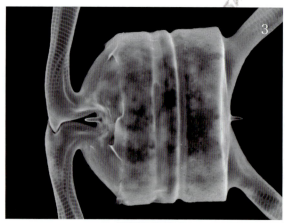

3. 栄養細胞拡大

Chaetoceros peruvianus Brightwell 1856

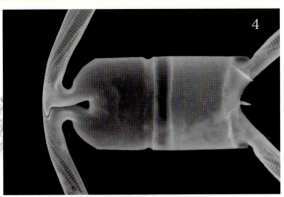
4. 栄養細胞拡大

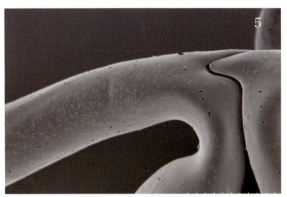
5. 上殻の刺毛 基部

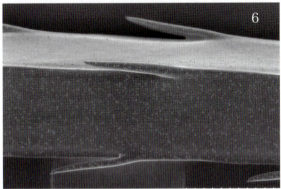
6. 上殻の刺毛 中央部

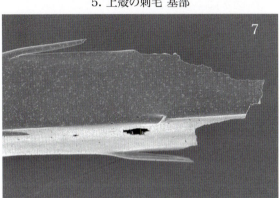
7. 上殻の刺毛 先端部

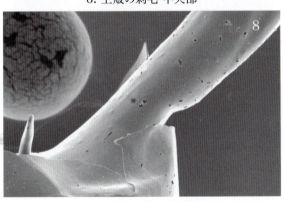
8. 下殻の刺毛 基部

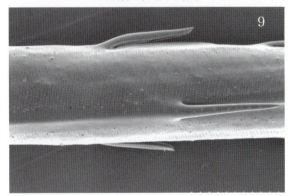
9. 下殻の刺毛 中央部

出現地点／出現時期	1	2	3	4	5	6	7	8	9	10	11	12
オホーツク海						■	■	■	■	■		■
富山湾	■	■			■				■		■	
相模湾				■	■	■	■	■	■	■		
土佐湾							■	■				
瀬戸内海									■			
屋久島						■						

【類似種、間違い易い種】
Chaetoceros concavicornis

18 S

28 S

登録遺伝子配列

第2章 キートケロス図鑑　　111

Chaetoceros pseudocrinitus Ostenfeld 1901

No synonyms

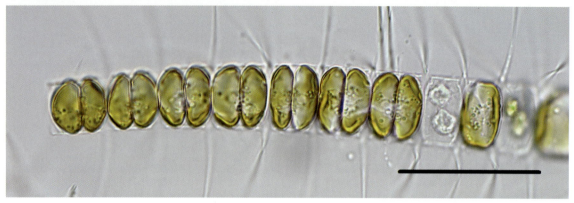

scale bar : 50μm

【形態的特徴】
- 群体はやや湾曲し、僅かに捻じれる。
- 末端刺毛と連結刺毛に形態的な違いは無い。各刺毛は細く、群体軸に対しほぼ直角に放出されるが、群体軸が捻じれるために、各刺毛の放射方向が異なって見える。刺毛の断面は円形で、表面には螺旋状に細孔と小棘が並ぶがこれらはSEMでないと確認できない。
- マントルの縫線は不明瞭である。
- バルブ面は平滑で中央付近に唇状突起が確認された。
- 空隙はほとんど無く、細胞同士が密着した状態である。
- 板状の葉緑体が1つ存在する。
- 細胞サイズ(頂軸長):13〜43μm
- 休眠胞子は確認されなかった。

【同定ポイント】
- 本種は、*C. tortissimus* に酷似するが、細胞の捻じれが弱いことで区別することができる。

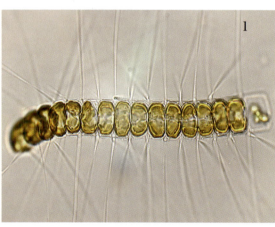

1. 栄養細胞 (天然株)

2. 栄養細胞 (天然株)

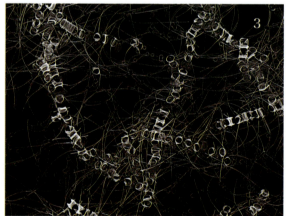

3. 栄養細胞(培養株)

Chaetoceros pseudocrinitus Ostenfeld 1901

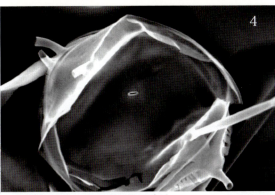
4. バルブ面

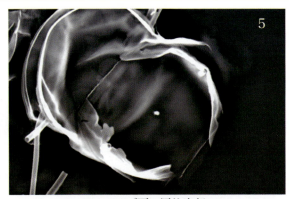
5. バルブ面の唇状突起

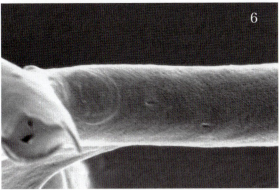
6. 連結刺毛 基部

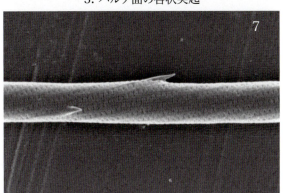
7. 連結刺毛 中央部

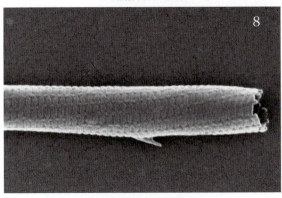
8. 連結刺毛 先端部

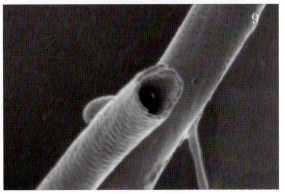
9. 連結刺毛 断面

出現地点／出現時期	1	2	3	4	5	6	7	8	9	10	11	12
オホーツク海			■	■	■				■	■		■
富山湾										■		
相模湾	■	■	■		■	■	■	■	■	■		
土佐湾							■					

【類似種、間違い易い種】
Chaetoceros tortissimus

登録遺伝子配列

Chaetoceros pseudocurvisetus Mangin 1910

No synonyms

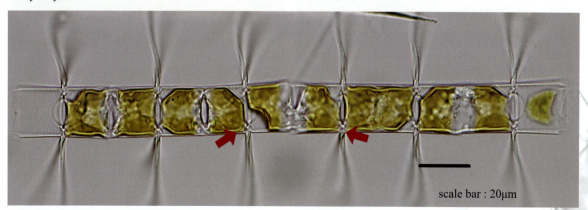

scale bar : 20μm

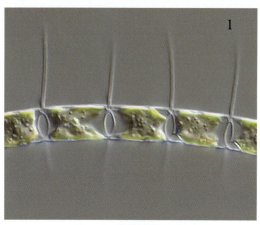

1. 栄養細胞

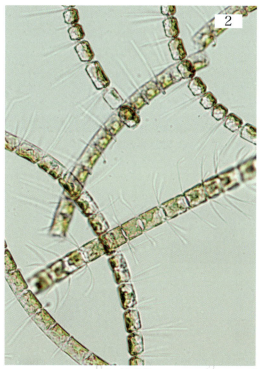

2. 培養株

【形態的特徴】
- 群体は著しく湾曲し、長くなると螺旋状に巻く傾向がある。
- 末端刺毛と連結刺毛の形態に違いは無く、各刺毛は、群体軸に対しほぼ直角に放出される。また、刺毛の放出開始場所はガードル面の内側から放出されるため、基部に小窓のような構造ができる。刺毛の断面は円形で、表面には、螺旋状に並ぶ細孔と小棘があるが、継代培養が進むと小棘が消失することが確認された。
- マントルの縫線は不明瞭である。
- バルブ面は平滑で、末端細胞の中央部に唇状突起がある。
- 空隙は中央に大きな楕円状形である。刺毛基部に小窓のような穴があり、SEMでないと確認できない。この小さい方は、LMでも観察可能である。
- 板状の葉緑体が1個存在する。
- 細胞サイズ(頂軸長)：8～42μm
- 休眠胞子の初成殻の外形は緩いドーム状で、表面は滑らかである。初生殻のマントル縁辺に柵状刺が並び、後成殻のマントルにも複数の柵状刺が並ぶ。後成殻の外形もドーム型で平滑である。

【同定ポイント】
- 群体は、曲がり、長くなると螺旋状に巻く、*C. debilis* と混同されることがあるが、刺毛の基部に小窓の様な丸い穴があり、これが本種の最大の特徴となる。群体の螺旋状に巻く方向も *C. debilis* とは逆となる。

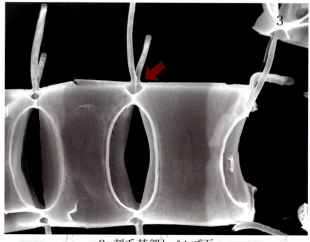

3. 刺毛基部とバルブ面

Chaetoceros pseudocurvisetus Mangin 1910

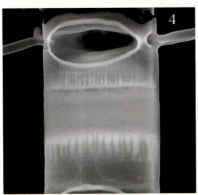

4. 休眠胞子

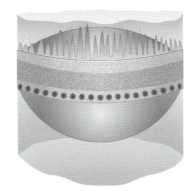

5. 休眠胞子イラスト

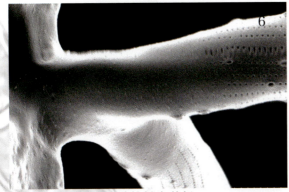

6. 連結刺毛 基部

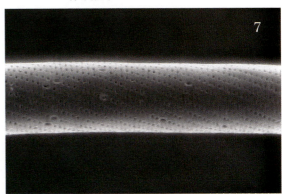

7. 連結刺毛 中央部

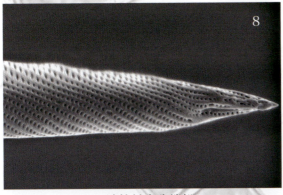

8. 連結刺毛 先端部

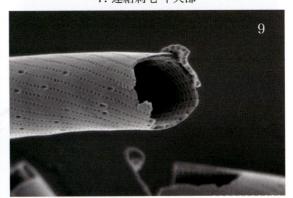

9. 連結刺毛 断面

10. 連結刺毛

出現地点／出現時期	1	2	3	4	5	6	7	8	9	10	11	12
富山湾	■	■										■
相模湾		■	■		■			■	■	■	■	■
土佐湾							■					

【類似種、間違い易い種】
Chaetoceros debilis
Chaetoceros curvisetus

登録遺伝子配列

Chaetoceros pseudodichaeta J. Ikari 1926

No synonyms

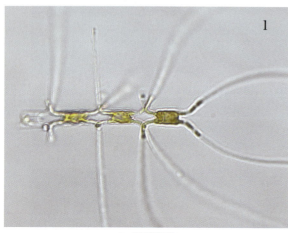

1. 栄養細胞

【形態的特徴】
- 群体は直線的で捻じれない。
- 末端刺毛と連結刺毛に形態的な違いは無い。各刺毛には、著しく長い毛状の小棘が発達し、これらはLMでも観察可能である。刺毛の断面は四角形で、表面には、細孔が整列した網目状の構造が並ぶが、これらはSEMでしか観察できない。
- マントルの縫線は不明瞭である。
- バルブ面は平滑で、群体の末端細胞に比較的長く細い突起が出る場合がある。
- 空隙は広く、六角形である。
- 不定形の葉緑体が複数存在し、これらは刺毛中に貫入する。
- 細胞サイズ（頂軸長）：7～12μm
- 休眠胞子は確認されなかった。

【同定ポイント】
- 本種は、群体の形態が、*C. atlanticus* に似るが、本種の刺毛の基部付近にある長い棘を確認する事で区別することができる。

2. 栄養細胞

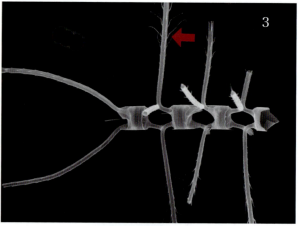

3. 栄養細胞

Chaetoceros pseudodichaeta J. Ikari 1926

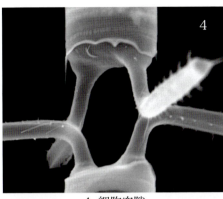
4. 細胞空隙

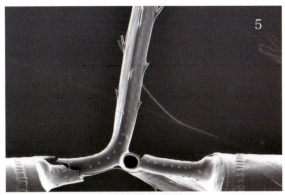
5. 連結刺毛 基部

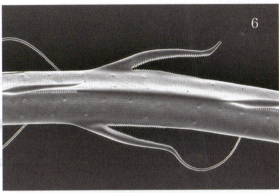
6. 連結刺毛 中央部

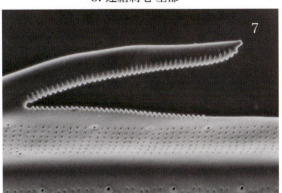
7. 連結刺毛 中央部 拡大

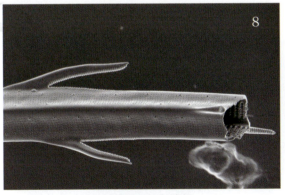
8. 連結刺毛 先端部

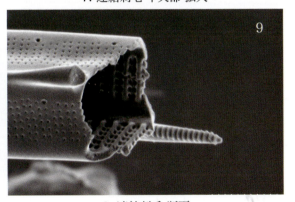
9. 連結刺毛 断面

出現地点／出現時期	1	2	3	4	5	6	7	8	9	10	11	12
オホーツク海									■			
富山湾											■	
相模湾	■	■								■	■	

【類似種、間違い易い種】
Chaetoceros atlanticus

Chaetoceros radicans F. Schütt 1895

Synonyms : *Chaetoceros scolopendra*

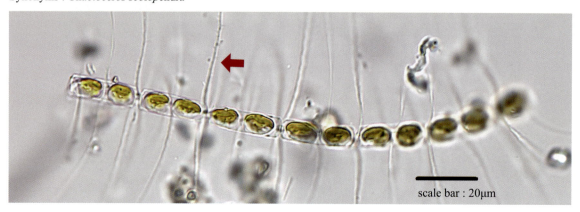

scale bar : 20μm

1. 栄養細胞

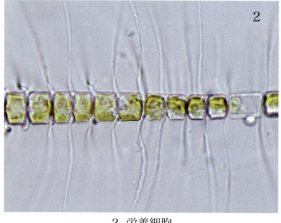

2. 栄養細胞

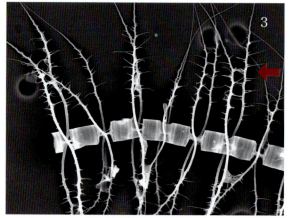

3. 栄養細胞 微細刺毛

【形態的特徴】
- 末端刺毛と連結刺毛に形態的な違いは無い。各刺毛は、群体軸に対しほぼ直角に放出される。刺毛全体が明瞭な複数の枝状（木の根様）の小棘に覆われており、これらはLMでも観察可能である。この棘に環境中の様々な物質が付着している。刺毛の表面は、SEMで確認すると、基部〜中央部は滑らかであるのに対し、先端付近では、細孔と小棘が螺旋状に並ぶ。
- マントルの縫線は不明瞭である。
- 空隙は非常に狭く、LMではほぼ密着しているように見える。
- 板状の葉緑体が1個存在する。
- 細胞サイズ（頂軸長）：5〜18μm
- 休眠胞子の初成殻の外形は中央部で僅かに膨らみ、表面は平滑である。後成殻は扁平で隣接細胞と癒合し、対の細胞となる。癒合箇所からは刺毛が伸び、それらはバルブ面から観察すると末端付近で交差する様子がみられる。

【同定ポイント】
- 全ての刺毛の基部から末端に至るまで、枝状の小刺が並ぶことが本種の特徴である。本種は冷水期には優占種となる事もある。近年 *C. socialis* complex に関する報告では、近縁種として本種に加えて、2種の新種が記載されているため（Gaonkar 2017）、今後これらの形態との比較が必要である。
- *C. cinctus* にも本種と類似した刺毛構造が確認されることがあるため、正確な種同定には休眠胞子の形態を確認する必要がある。

Chaetoceros radicans F. Schütt 1895

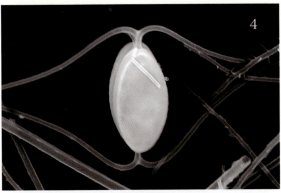
4. 休眠胞子

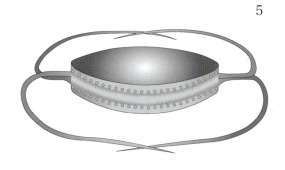
5. 休眠胞子イラスト

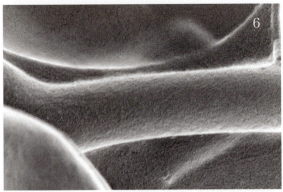
6. 連結刺毛 基部

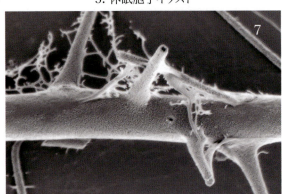
7. 連結刺毛 中央部

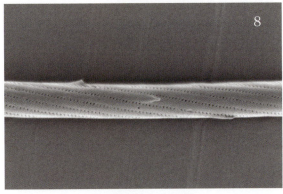
8. 連結刺毛 先端部

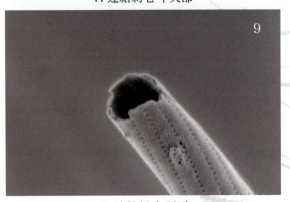
9. 連結刺毛 断面

出現地点／出現時期	1	2	3	4	5	6	7	8	9	10	11	12
オホーツク海			■	■	■	■	■	■	■	■	■	■
富山湾				■	■						■	
相模湾					■			■	■			
瀬戸内海								■				

【類似種、間違い易い種】
Chaetoceros cinctus

18 S

28 S

登録遺伝子配列

Chaetoceros rostratus Ralfs 1864

No Synonyms

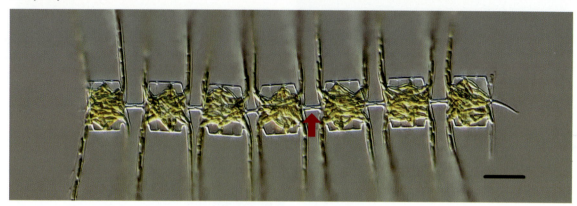

scale bar：20μm

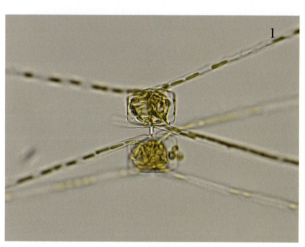

1. 栄養細胞

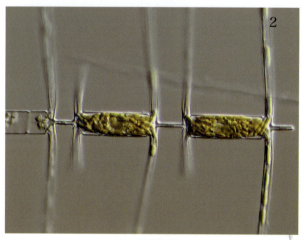

2. 栄養細胞

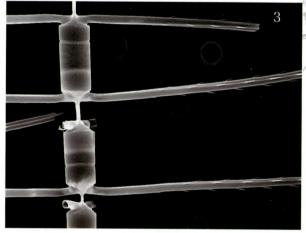

3. 栄養細胞

【形態的特徴】
・群体は直線的で捻じれない。
・末端刺毛と連結刺毛に形態的な違いはなく、群体軸からほぼ直角に伸びる。刺毛の断面は四角形で、表面には細孔が整列した網目状の構造が並び、隅角には小棘が並ぶ。これらはSEMでないと観察できない。
・マントルには明瞭な縫線がある。
・バルブ面は平滑で、中央部から長い突起が伸び、隣の細胞と結合し、群体を形成する。
・刺毛の癒合が無いため、空隙は存在せず、細胞同士をつなぐ連結棘の長さにより細胞の間隔が異なる。
・葉緑体は不定形のものが複数存在し、これらが刺毛内部に貫入する。
・細胞サイズ（頂軸長）：8〜25μm
・休眠胞子は確認されなかった。

【同定ポイント】
・本種はバルブ面中央から伸びる連結刺という特殊な構造により群体を形成するため、LMにおいても判別は容易である。

Chaetoceros rostratus Ralfs 1864

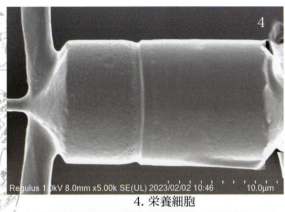
4. 栄養細胞

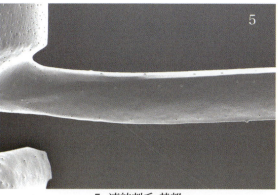
5. 連結刺毛 基部

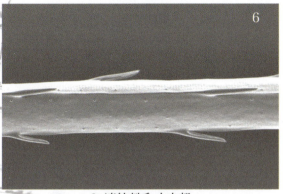
6. 連結刺毛 中央部

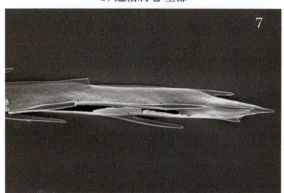
7. 連結刺毛 先端部

8. 連結刺毛 断面

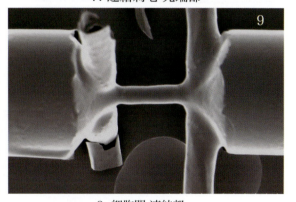
9. 細胞間 連結部

出現地点／出現時期	1	2	3	4	5	6	7	8	9	10	11	12
富山湾	■										■	
相模湾				■			■			■	■	■

【類似種、間違い易い種】　　無し

Chaetoceros rotosporus Y.Li, Lundholm & Moestrup 2013

No Synonyms

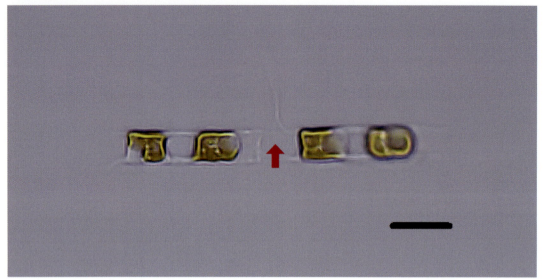

scale bar : 10μm

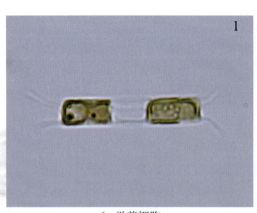

1. 栄養細胞

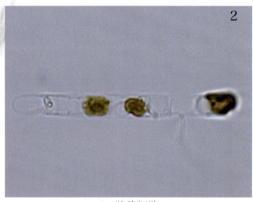

2. 栄養細胞

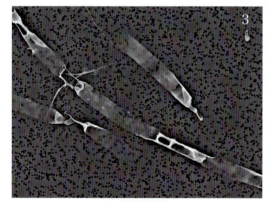

3. 栄養細胞

【形態的特徴】
- 群体は直線的だが僅かに湾曲、捻じれることがある。
- 末端刺毛と連結刺毛に形態的な違いはない。刺毛の断面は四角形で、表面には、細孔が一列に並び、隅角には、小棘が並ぶ。これらはSEMでないと観察できない。
- マントルの縫線は不明瞭である。
- バルブ面は平滑で、中央部に唇状突起がある。
- 空隙は四角形に広く空く。
- 葉緑体は板状のものが1個存在する。
- 細胞サイズ（頂軸長）：5〜7μm
- 休眠胞子の初成殻と、後成殻は共に緩いドーム状で、表面は滑らかである。

【同定ポイント】
- 本種は、*C. distans* と酷似しており、区別的な殻帯の有無であるが、種同定の決定打としては弱い。同様に、本種は *C. seiracanthus* とも形態が酷似しており、空隙のサイズが、本種の方が広くなる傾向があるが、これだけでは種同定は難しいため、これら3種の正確な種同定には休眠胞子の確認か、DNA解析が必要となる。
- ※ 注）：本種の掲載写真(4以外)は、全て継代培養株（株提供：高知大学 山口晴生 博士より）

Chaetoceros rotosporus Y.Li, Lundholm & Moestrup 2013

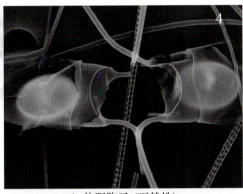

4. 休眠胞子 (天然株)

5. 休眠胞子イラスト

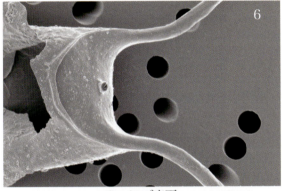

6. バルブ表面

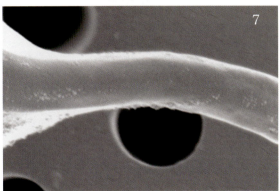

7. 連結刺毛 基部

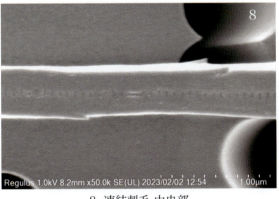

8. 連結刺毛 中央部

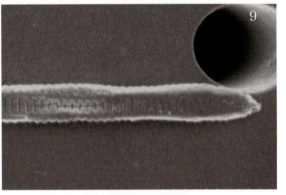

9. 連結刺毛 先端部

出現地点／出現時期	1	2	3	4	5	6	7	8	9	10	11	12
高知県浦ノ内湾											■	

【類似種、間違い易い種】
Chaetoceros distans
Chaetoceros seiracanthus

Chaetoceros salsugineus Takano 1983

No Synonyms

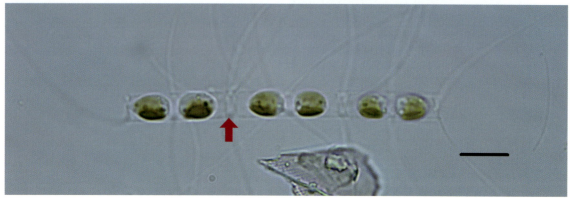

scale bar : 10μm

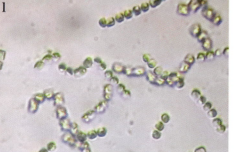

1. 栄養細胞 (培養株)

【形態的特徴】
- 群体は直線的で、通常は2～6細胞前後で連なる。
- 末端刺毛と連結刺毛に形態的な違いはない。刺毛の断面は基部に近い箇所は円形で、先端に向けて四角形に変わる。刺毛基部をSEMで見ると、著しく捻じれており、この捻れに沿って小棘が並ぶ。表面には小孔が並んでおり、これらの構造はSEMでないと観察できない。
- マントルの縫線は不明瞭である。
- バルブ面は平滑で、中央部に大きな目立つ長い突起がある。これは、LMでも確認可能である。(掲載写真では確認が難しい)
- 空隙は楕円形である。
- 葉緑体は板状のものが1個存在する。
- 細胞サイズ(頂軸長)：4～8μm
- 休眠胞子は確認されなかった。

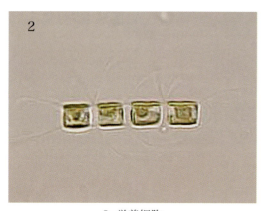

2. 栄養細胞

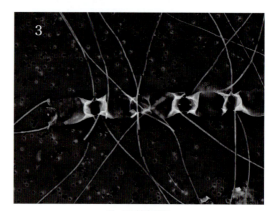

3. 栄養細胞

【同定ポイント】
- 本属のなかでも小型で、栄養細胞のバルブ面中央にある長い突起が、本種の特徴である。
- 群体数は2～6細胞程度で、汽水域に産する。
- 本種と *C. tenuissimus* は形態的に酷似しており、両種はSEM観察でも刺毛基部に特徴的な強い捻じれを持ち、違いを見出すことは難しい。この両種については、シノニムの可能性がある。

※ AlgaeBaseで本種は2023年より *C. tenuissimus* のシノニムとされているが、本書では別種として記載した。

Chaetoceros salsugineus Takano 1983

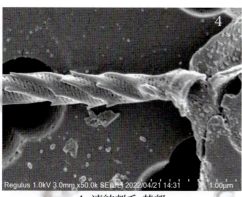
4. 連結刺毛 基部

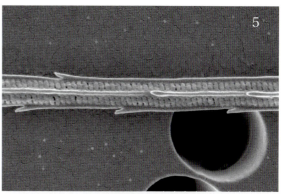
5. 連結刺毛 中央部

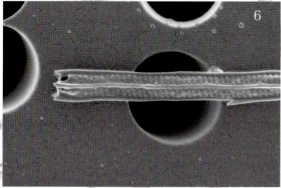
6. 連結刺毛 先端部

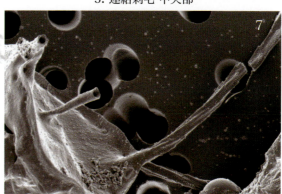
7. バルブ面突起

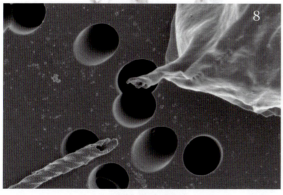
8. 連結刺毛 断面

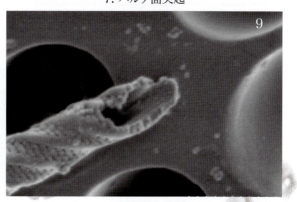
9. 連結刺毛 断面

出現地点／出現時期	1	2	3	4	5	6	7	8	9	10	11	12
宍道湖・中海							■					

【類似種、間違い易い種】　なし

18 S　　28 S

登録遺伝子配列

第2章 キートケロス図鑑　　125

Chaetoceros seiracanthus Gran 1897

No Synonyms

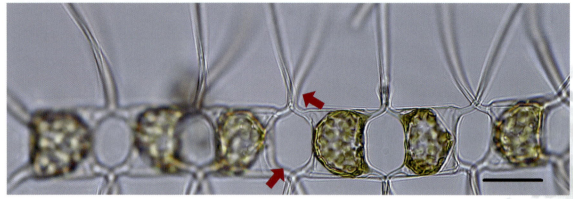

scale bar : 30μm

1. 栄養細胞 (天然株)

【形態的特徴】
- 群体は直線的で、やや曲がることがあるが、捻じれない。
- 末端刺毛と連結刺毛に形態的な違いはない。刺毛の放射方向に統一性はない。刺毛の断面は六角形、表面には、各面の中央に1列に細孔が並び、隅角に小棘が並ぶ。これらの構造はSEMでないと観察できない。
- マントルの縫線は不明瞭である。
- バルブ面は平滑で、中央部に小さな唇状突起があるが、LMでは観察できない。
- 空隙は六角形に広く空く。
- 顆粒状の葉緑体が複数存在する。
- 細胞サイズ（頂軸長）：14～40μm
- 休眠胞子の初成殻の外形は発達したドーム状で、表面から棘を多数伸ばす。両マントルは滑らかである。後成殻の外形もドーム状で、中央付近に初成殻と同様の棘が複数伸びる。この棘は先端付近で分岐する。

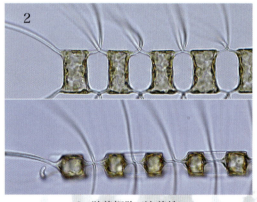

2. 栄養細胞 (培養株)

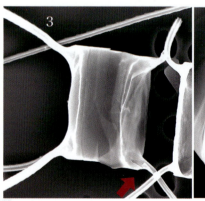

3. 栄養細胞

【同定ポイント】
- 本種は *C. distans* や *C. rotosporus* と形態が似ているが、刺毛の放射方向が定まらないという点において区別することができる。ただし、確実な種同定には、休眠胞子の確認が必要である。

Chaetoceros seiracanthus Gran 1897

4. 休眠胞子

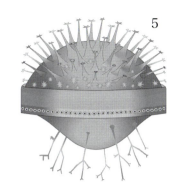
5. 休眠胞子イラスト

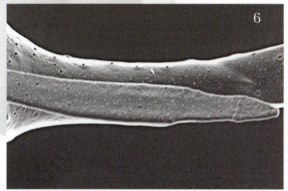
6. 連結刺毛 基部

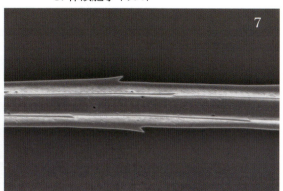
7. 連結刺毛 中央部

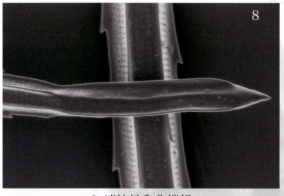
8. 連結刺毛 先端部

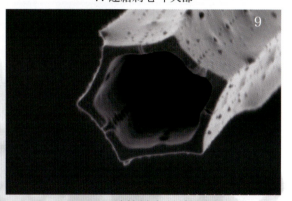
9. 連結刺毛 断面

出現地点／出現時期	1	2	3	4	5	6	7	8	9	10	11	12
相模湾											■	

【類似種、間違い易い種】

Chaetoceros distans
Chaetoceros rotosporus

登録遺伝子配列

第2章 キートケロス図鑑 127

Chaetoceros siamensis Ostenfeld 1902

No synonyms

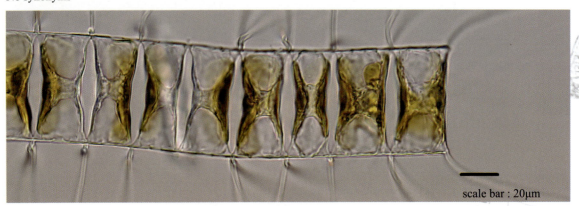

scale bar : 20μm

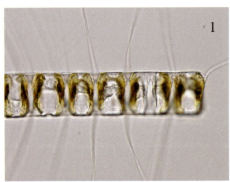

1. ガードル側面 (天然株)

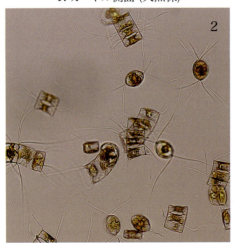

2. 栄養細胞 (培養株)

4. 休眠胞子 (培養株)

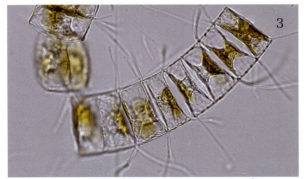

3. 栄養細胞 (培養株)

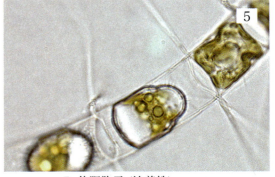

5. 休眠胞子 (培養株)

【形態的特徴】
・群体はやや曲がり、僅かに捻じれる。
・末端刺毛と連結刺毛に形態的な違いはない。刺毛の断面は円形で、表面には、細孔と小棘が螺旋状に並ぶ。これらの構造はSEMでないと観察できない。
・マントルには縫線があり、LMでも観察可能である。
・バルブ面は中央部で緩やかに隆起し、表面は滑らかである。
・空隙は披針形で、中央部でわずかに膨らむ。
・板状の葉緑体が1個存在する。
・細胞サイズ(頂軸長)：25〜52μm
・休眠胞子の初成殻の外形はドーム状で、長い棘が多数伸びる。両マントルは大きく発達し、マントル縁辺からは柵状刺が伸びる。後成殻の外形もドーム状で、多数の長い棘が伸びる。

【同定ポイント】
・群体の空隙は披針形で、中央部でわずかに膨らむ。群体の細胞数も多く、長くなる傾向にある。
・本種の栄養細胞の群体形態は *C. diadema* に似るが、本種の方がサイズは大きく、空隙の形態にも違いはあるが、より正確な種同定には休眠胞子の確認が必要である。
・本種の休眠胞子形態は特徴的で、殻の中央部分にでき、上下殻に著しく長い棘が多数存在する。

Chaetoceros siamensis Ostenfeld 1902

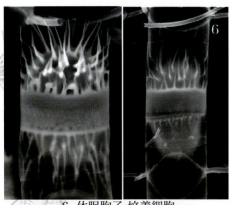
6. 休眠胞子 培養細胞

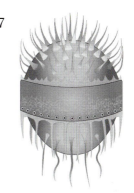
7. 休眠胞子イラスト

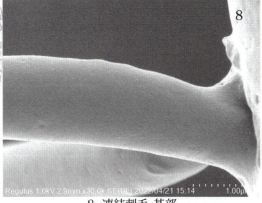
8. 連結刺毛 基部

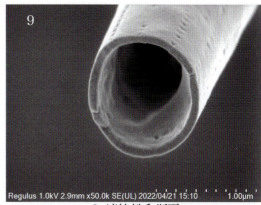
9. 連結刺毛 断面

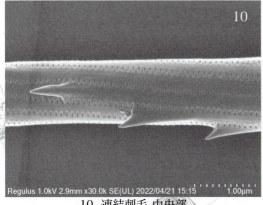
10. 連結刺毛 中央部

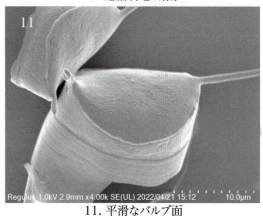
11. 平滑なバルブ面

出現地点／出現時期	1	2	3	4	5	6	7	8	9	10	11	12
富山湾											■	
相模湾										■		
瀬戸内海										■		

【類似種、間違い易い種】

Chaetoceros diadema

Chaetoceros socialis H.S.Lauder 1864

Heterotypic synonym : *Chaetoceros radians* F.Schütt 1895, *Chaetoceros socialis* f. *autumnalis* Proshkina-Lavrenko 1953, *Chaetoceros socialis* f. *vernalis* Proshkina-Lavrenko 1953, *Chaetoceros socialis* f. *radians* (F.Schütt) Proshkina-Lavrenko 1963, *Chaetoceros socialis* var. *radians* (F.Schutt) P.M.Tsarenko 2009

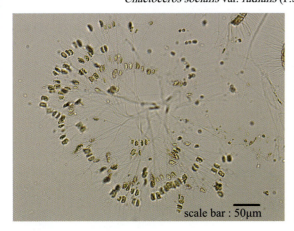

scale bar : 50μm

scale bar : 20μm

1. 栄養細胞

【形態的特徴】
- 群体は扇状に大きく湾曲し、捻じれる。
- 末端刺毛と連結刺毛に形態的な違いはない。刺毛は群体の湾曲の中心へ向かう側が長く、もう一方は短い。長い刺毛の先で、複数(5〜50細胞前後)の細胞を一群体とし纏まる特徴がある。大きな群体は、これらの小群体がさらに集まり、群体全体が球状になる。刺毛の断面は円形で、表面は、細孔と小棘が螺旋状に並ぶ。これらの構造はSEMでないと観察できない。
- マントルの縫線は不明瞭である。
- バルブ面は、平滑で中央部がやや隆起する。
- 空隙は、ピーナッツ型である。
- 板状の葉緑体が1個存在する。
- 細胞サイズ(頂軸長)：4〜13μm
- 休眠胞子の初成殻の外形はドーム状で、表面に脈状の突起がある。両マントルは平滑である。後成殻の外形もドーム状で、表面は滑らかである。

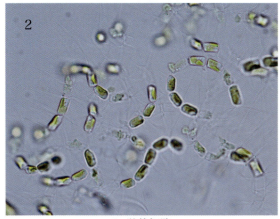

2. 栄養細胞

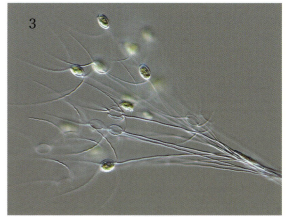

3. 栄養細胞

【同定ポイント】
- 細胞は非常に小さいため、単細胞での種同定は困難であるが、群体を形成している際は種同定が可能である。つまり刺毛の片側が先端で纏まり、群体全体が扇状になり、さらに発達した群体では球状になることで他種との区別が可能である。
- 近年、本種に類似した3種が新規に記載されたが、本書では旧分類の*Chaetoceros socialis*として分けずに掲載した。Atchaneey (2013)、Gaonkar (2017)

Chaetoceros socialis H.S.Lauder 1864

4. 休眠胞子

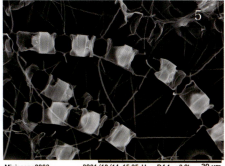
5. 休眠胞子

6. 休眠胞子 イラスト

7. 休眠胞子 イラスト

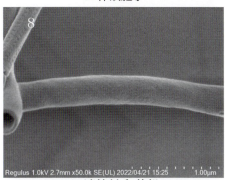
8. 連結刺毛 基部

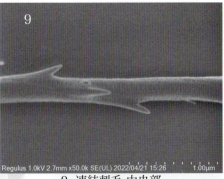
9. 連結刺毛 中央部

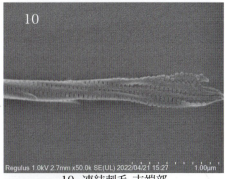
10. 連結刺毛 末端部

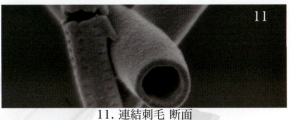
11. 連結刺毛 断面

出現地点／出現時期	1	2	3	4	5	6	7	8	9	10	11	12
オホーツク海			■	■	■	■	■	■	■	■	■	
富山湾		■	■		■				■	■		
相模湾			■		■				■	■		
土佐湾							■					
瀬戸内海									■	■		

【類似種、間違い易い種】　　なし

18 S

28 S

登録遺伝子配列

Chaetoceros subtilis Cleve 1896

No synonyms

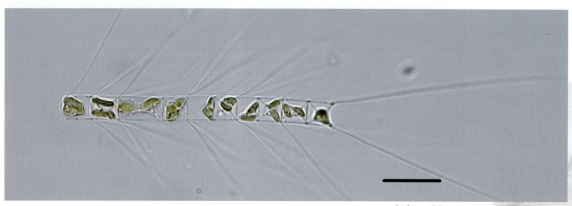

scale bar : 20μm

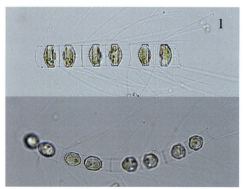

1. 休眠胞子 (上下共：天然株)

【形態的特徴】
- 群体は基本的に直線的で、捻じれないが、僅かに湾曲することがある。
- 末端刺毛と連結刺毛に形態的な違いはない。刺毛は、群体軸より概ね45度の角度で射出し、そのまま一定方向に伸びる。刺毛の断面は円形で、表面には細孔が並び、さらに螺旋状に小棘が並ぶ。これらの構造はSEMでないと観察できない。
- マントルの縫線は不明瞭である。
- バルブ面はである平滑。
- 空隙はなく、細胞同士は密着している。
- 板状の葉緑体が2個存在する。
- 細胞サイズ(頂軸長)：6〜18μm
- 休眠胞子の初成殻の外形はドーム状で、表面には長い小棘が複数伸びる。両マントルは平滑である。後成殻の外形もドーム状で、表面には瘤状突起が複数ある。

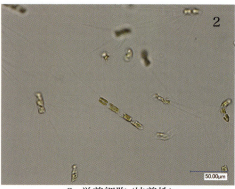
2. 栄養細胞 (培養株)

3. 休眠胞子

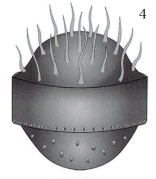
4. 休眠胞子 イラスト

【同定ポイント】
- 本種は、汽水湖や河口付近、湾奥で観察される事が多い。
- 全ての刺毛が群体の殻縁より45°前後の角度で一定方向を向いており、明脚亜属でこの形態は、本種以外には見られない。なお、主に宍道湖に出現する *C. subtilis* の変種は、本種よりやや小さく、群体は曲り、遺伝子も異なる事が確認されており、今後、本種との分類学的な整理が必要である(次ページ参照)。

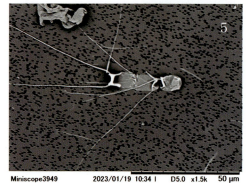
5. 栄養細胞

Chaetoceros subtilis Cleve 1896

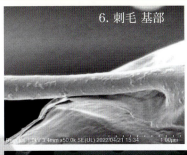
6. 刺毛 基部

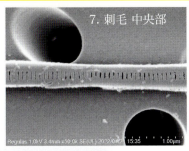
7. 刺毛 中央部

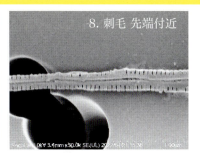
8. 刺毛 先端付近

9. 刺毛

出現地点／出現時期	1	2	3	4	5	6	7	8	9	10	11	12
相模湾							■					
宍道湖・中海							■					

【類似種、間違い易い種】　なし

登録遺伝子配列

Chaetoceros sp.（cf. *subtilis* var. *abnormis*）

- 本亜種は、例年宍道湖で夏〜秋（若干年により異なる）に出現する。この宍道湖と中海は、大橋川で繋がっており、干潮時と満潮時でそれぞれの水が流入するため、*Chaetoceros subtilis* と本種は、何方でも確認できる場合があるが、中海に比べ塩分濃度の薄い宍道湖は、*Chaetoceros subtilis* より *Chaetoceros* sp. cf. *subtilis* var. *abnormis* の方が多産する。両者は形態的に類似するが、本種の方が小さく、また自然界では、群体軸は湾曲する。今回、行った遺伝子解析の結果では、別種の可能性が高い。
- 細胞サイズ（頂軸長）：6〜10μm
- 休眠胞子は、両殻に長い小棘が伸びるため、後殻に瘤状突起がある *Chaetoceros subtilis* とは形態的に異なる。Xiao Jing Xu (2018)

1. 栄養細胞

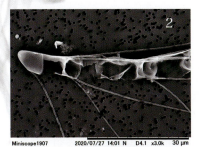
2. ガードル側面

3. 先端

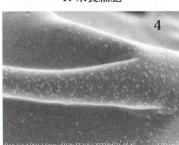
4. 刺毛 基部

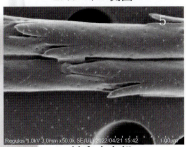
5. 刺毛 中央部

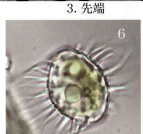
6. 休眠胞子（写真提供：堀江 啓史氏）

登録遺伝子配列

休眠胞子は宍道湖産ではないが *Chaetoceros* sp.（cf. *subtilis* var. *abnormis*）と思われる。

Chaetoceros tenuissimus Meunier 1913

Heterotypic synonym : *Chaetoceros salsugineus* Takano 1983

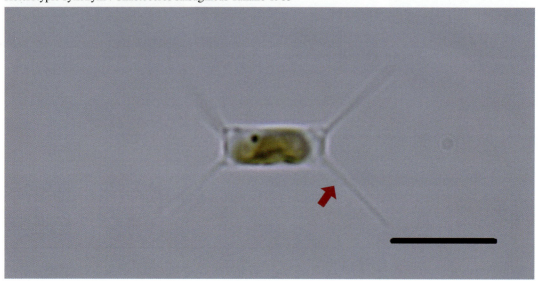

scale bar : 10μm

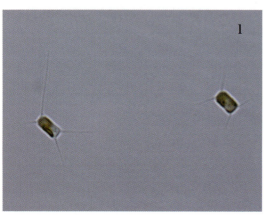

1. 栄養細胞

【形態的特徴】
- 細胞は群体を形成せず、単体で増殖する。ただし、培養時は群体形成する事がある。
- 刺毛は、細胞の四隅より概ね45度の角度で放射し、一定方向に伸びる。刺毛の断面は円形で、基部付近は著しく捻じれる。表面は、細孔と小棘が螺旋状に並ぶ。これらの構造はSEMでないと観察できない。
- マントルの縫線は不明瞭である。
- バルブ面は平滑で、中央部に大きな目立つ長い突起がある。
- 群体形成時の空隙は、披針形で細胞間を弱く結合する。
- 板状の葉緑体が1個存在する。
- 細胞サイズ(頂軸長)：3〜5μm
- 休眠胞子は確認されなかった。

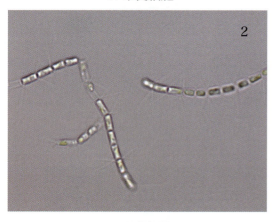

2. 栄養細胞

※ 本種の掲載写真は全て継代培養株である。
（株提供：高知大学 山口 晴生 博士）

【同定ポイント】
- 群体を形成しないため、形態学的な特徴に乏しく、種同定は難しい。形態が似ている*Attheya*とは、刺毛の放射方向が異なり、本種が細胞の四隅から約45度の角度で射出するのに対し、*Atthya longicornis*の刺毛は、細胞軸に対し平行に伸びた後45度の角度で伸びるため、この点で区別できる。ただし、正確に分類するためには、SEM観察による刺毛基部のねじれを確認すると共に、DNAの測定が必須である。

Chaetoceros tenuissimus Meunier 1913

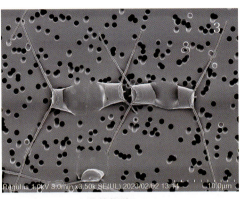
3. 栄養細胞

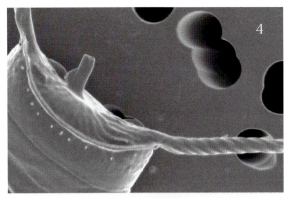
4. バルブ面突起

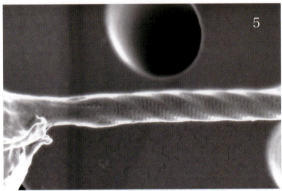
5. 連結刺毛 基部

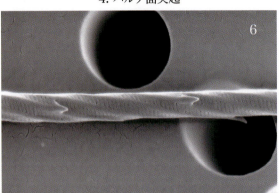
6. 連結刺毛 中央部

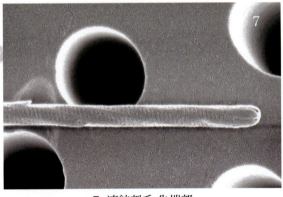
7. 連結刺毛 先端部

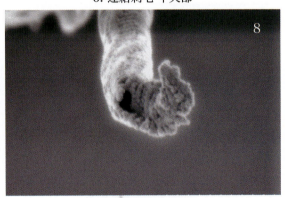
8. 連結刺毛 断面

出現地点／出現時期	1	2	3	4	5	6	7	8	9	10	11	12
土佐湾						■		■				

【類似種、間違い易い種】

Attheya longicornis

登録遺伝子配列

第2章 キートケロス図鑑　135

Chaetoceros teres Cleve 1896

No Synonyms

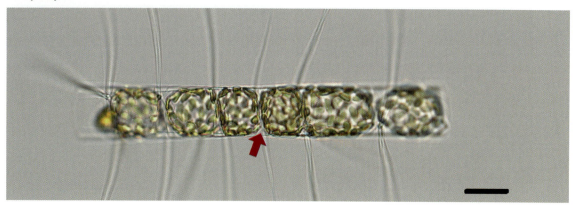

scale bar : 20μm

【形態的特徴】
- 群体は直線的で捻じれない。
- 末端刺毛と連結刺毛には、形態的な違いは無い。連結刺毛は、群体軸よりほぼ直角に放射される。SEMによる観察では、刺毛の断面は円形で、表面には細孔と小棘が螺旋状に並ぶ。
- マントルの縫線は不明瞭である。
- 空隙はほとんど空きがなく、細胞同士は密着している。
- バルブ面は平滑である。
- 粒状の葉緑体が複数存在する。
- 細胞サイズ(頂軸長)：21～41μm
- 休眠胞子初成殻の外形はドーム状で、表面には細かな粒状の突起が無数にある。、マントルの表面にも同様の突起がある。後成殻の外形は平坦で、マントル縁辺から毛状棘が伸びる。

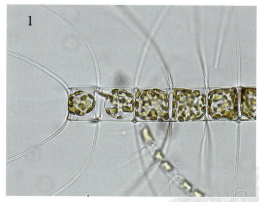

1. 栄養細胞

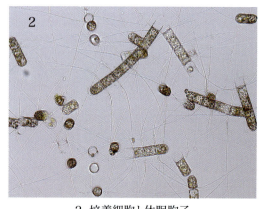

2. 培養細胞と休眠胞子

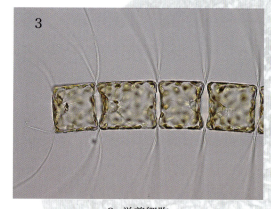

3. 栄養細胞

【同定ポイント】
- 本種は *C. lauderi* と形態が酷似しており、栄養細胞からの種同定は難しく、休眠胞子の確認が必須となる。
- 本種の休眠胞子は、上殻の表面に細やかな粒状の突起が無数にあるのに対し、*C. lauderi* には長い複数本の毛状棘が伸びる。

Chaetoceros teres Cleve 1896

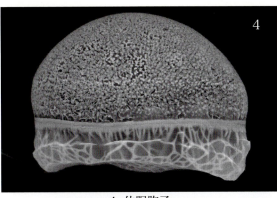
4. 休眠胞子

5. 休眠胞子イラスト

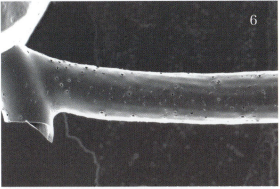
6. 連結刺毛 基部

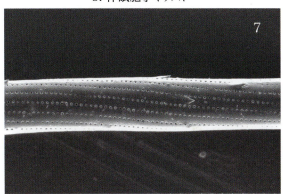
7. 連結刺毛 中央部

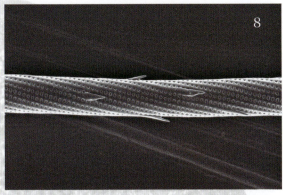
8. 連結刺毛 中央部

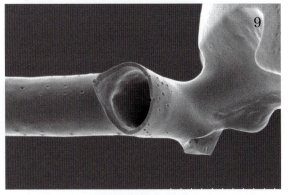
9. 連結刺毛 断面

出現地点／出現時期	1	2	3	4	5	6	7	8	9	10	11	12
オホーツク海				■						■		
相模湾		■								■		■

【類似種、間違い易い種】

Chaetoceros lauderi

登録遺伝子配列

第2章 キートケロス図鑑　　137

Chaetoceros tetrastichon Cleve 1897

No Synonyms

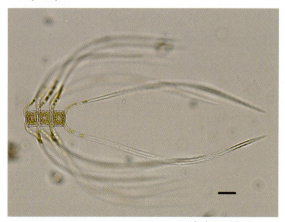

scale bar : 20μm

↑写真提供：堀江 啓史氏

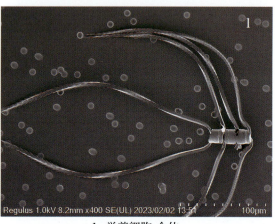

1. 栄養細胞 全体

【形態的特徴】
- 群体は直線的で捻じれない。多くの場合、3細胞が連鎖している。繊毛虫のクダカラムシ属が付着することが多い。
- 末端刺毛と連結刺毛に形態的な違いは無い。ただしSEM観察では先端の細胞から出る刺毛にのみ、基部付近に複数の髭状の毛が並ぶ。刺毛の断面は四角形で、表面には細孔が並び、隅角に小棘が並ぶ。この小棘は、刺毛の先端付近でより長くなる傾向がある。
- マントルの縫線は不明瞭である。
- 空隙はほとんど空きがなく、細胞同士は密着している。
- 先端の細胞のバルブ面は平滑である。
- 粒状の葉緑体が複数存在し、これらは刺毛中に貫入する。
- 細胞サイズ（頂軸長）：9〜17μm
- 休眠胞子は確認されなかった。

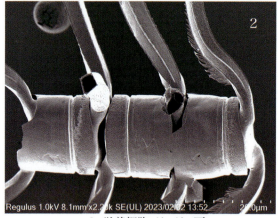

2. 栄養細胞 ガードル面

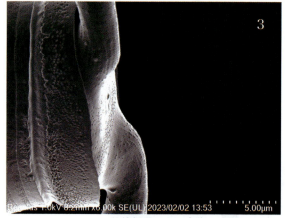

3. 栄養細胞 バルブ面

【同定ポイント】
- 繊毛虫類が付着している場合が多い。
- 群体の細胞数は、基本3細胞が連結している事が多く、特徴的な形態をしているため同定は容易である。
- SEMで確認すると先端細胞から出る刺毛の基部付近に髭状の毛が密集している。

Chaetoceros tetrastichon Cleve 1897

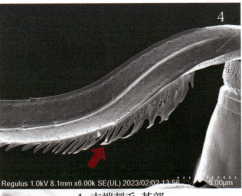
4. 末端刺毛 基部

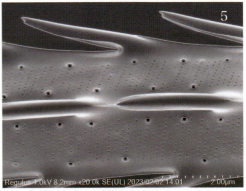
5. 末端刺毛 中央部

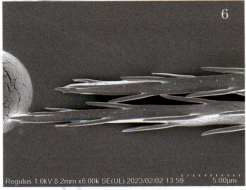
6. 末端刺毛 先端部

7. 末端刺毛 断面

出現地点／出現時期	1	2	3	4	5	6	7	8	9	10	11	12
富山湾											■	
相模湾										■		
瀬戸内海										■		

【類似種、間違い易い種】　なし

Chaetoceros dadayi Pavillard 1913

写真提供：堀江 啓史氏

【同定ポイント】
- *C. tetrastichon* 同様、繊毛虫のクダカラムシ属が付着している状態で確認されることが多い。
- 刺毛は一方が長く、反対側の刺毛は、極端に短いのが特徴。
- 日本では沖縄近海でよく確認されている。

【類似種、間違い易い種】　なし

Chaetoceros tortissimus Gran 1900

No Synonyms

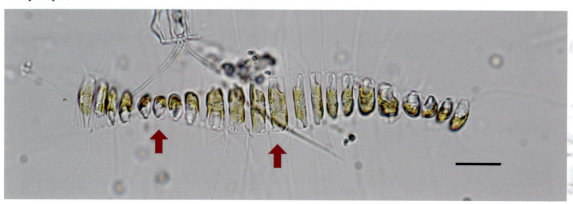

scale bar : 20μm

【形態的特徴】
- 群体は直線的だが、著しく捻じれる。
- 末端刺毛と連結刺毛に形態的な違いは無い。刺毛は群体軸よりほぼ直角に放射される。刺毛の断面は円形で、表面には細孔と小棘が螺旋状に並ぶ。これらの構造はSEMでないと観察できない。
- マントルの縫線は不明瞭である。
- ガードル面から観察した細胞は長方形で、これらが連なると、捻じれにより、群体全体は大きく波打つように見える。
- バルブ面の中央は、滑らかでやや膨らみ、中央に小さな唇状突起がある。
- 板状の葉緑体が1個存在する。
- 細胞サイズ（頂軸長）：22〜38μm
- 休眠胞子は確認されなかった。

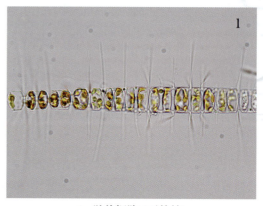

1. 栄養細胞 (天然株)

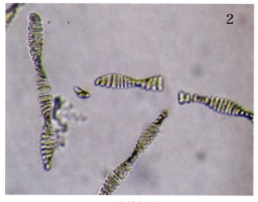

2. 培養細胞

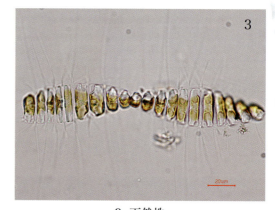

3. 天然株

【同定ポイント】
- 群体は直線的であるが、著しく捻じれ、一方向から見ると無限記号が連続する様に見える。この波打つ形態には極端なフォルム（写真 3）とあまり波打たないタイプ（写真 1）があるが、いずれにしても特徴的な群体形成のため同定は容易である。
- 群体の形状は *C. pseudocrinitus* に似るが、著しく捻じれる点で区別できる。
- 殻が非常に薄いため、SEM観察の際は細胞が潰れた状態になる。

Chaetoceros tortissimus Gran 1900

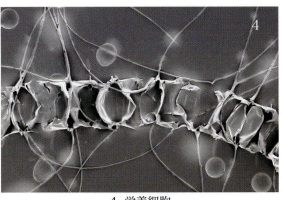
4. 栄養細胞

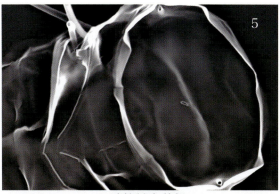
5. 連結刺毛 基部

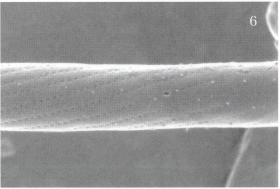
6. 連結刺毛 中央部

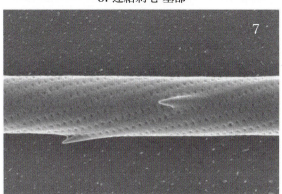
7. 連結刺毛 中央部

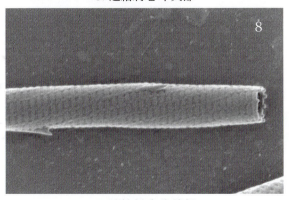
8. 連結刺毛 先端部

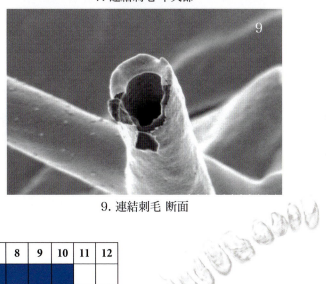
9. 連結刺毛 断面

出現地点／出現時期	1	2	3	4	5	6	7	8	9	10	11	12
オホーツク海			■	■	■	■	■	■	■	■		
相模湾									■	■	■	

【類似種、間違い易い種】

Chaetoceros pseudocrinitus

登録遺伝子配列

第2章 キートケロス図鑑 141

Chaetoceros calcitrans (Paulsen) H. Takano 1968

Synonyms : *Chaetoceros simplex* var. *calcitrans*

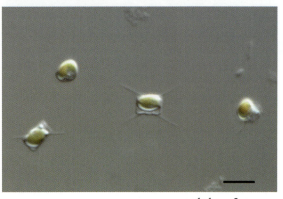

scale bar : 5μm

【形態的特徴】
- 群体を形成せず、単細胞性である。
- 刺毛は、細胞四隅よりおよそ45度の角度で真っすぐに放射される。刺毛の断面は円形で、表面には細孔が並ぶ。これらの構造はSEMでないと観察ができない。
- マントルの縫線は不明瞭である。
- バルブ面は滑らかである。
- 板状の葉緑体が1個存在する。
- 細胞サイズ(頂軸長)：3～5μm
- 休眠胞子は確認されなかった。

【同定ポイント】
- サイズが小さく、形態学的特徴が希薄なため種同定は難しくDNA解析が必須である。

特記事項：本種は、他のChaetoceros科と異なり、刺毛表面に小棘が確認されなかった。(他の全てのChaetoceros科は、刺毛の表面に小棘を有する。)

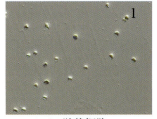
1. 栄養細胞

2. 栄養細胞

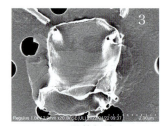
3. 栄養細胞

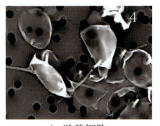
4. 栄養細胞

5. 刺毛 基部

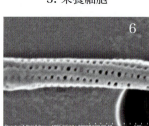
6. 刺毛 中央部

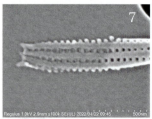
7. 刺毛 先端部

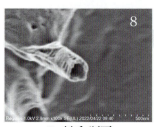
8. 刺毛 断面

18 S　　28 S

登録遺伝子配列

【類似種、間違い易い種】　*Chaetoceros neogracilis*

※ 本種は、ヤンマーマリンファームより分譲戴いた培養株を撮影しております。

Chaetoceros neogracilis VanLandingham 1968

Synonyms : *Chaetoceros gracilis* F. Schütt 1895

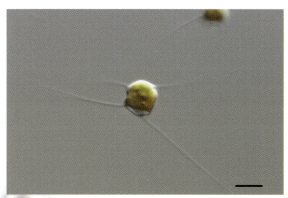

scale bar : 5μm

【形態的特徴】
- 群体を形成せず、単細胞性である。
- SEM観察では、刺毛の断面は円形で、細孔と小棘が緩い螺旋状に並ぶ様子が確認できる。
- マントルの縫線は不明瞭である。
- バルブ面は滑らかである。
- 板状の葉緑体が1個存在する。
- 細胞サイズ(頂軸長)：4〜7μm
- 休眠胞子は確認されなかった。

【同定ポイント】
- *C. calcitrans* よりややサイズが大きいこと以外に、形態学的特徴が希薄なため種同定は難しくDNA解析が必要である。

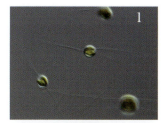
1. 栄養細胞

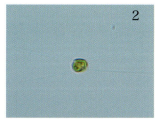
2. 栄養細胞

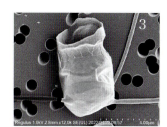
3. 栄養細胞

4. 栄養細胞

5. 刺毛 基部

6. 刺毛 中央

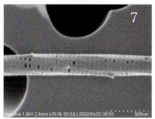
7. 刺毛 先端部

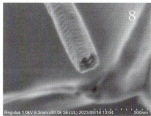
8. 刺毛 断面

【類似種、間違い易い種】 *Chaetoceros calcitrans*

※ 本種は、ヤンマーマリンファームより分譲戴いた培養株を撮影しております。

登録遺伝子配列

Chaetoceros cinctus Gran 1897

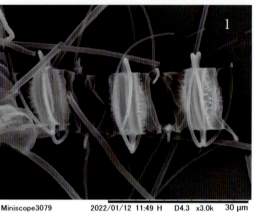

1. 休眠胞子　　　　　　　　　　　2. 休眠胞子

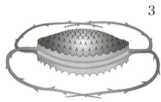

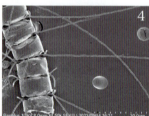

3. 休眠胞子イラスト　　　　4. 栄養細胞

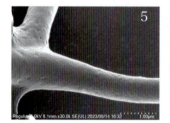

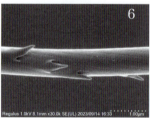

5. 刺毛 基部　　　　　　　6. 刺毛 中央部

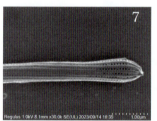

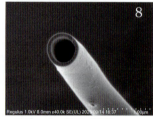

7. 刺毛 先端部　　　　　　8. 刺毛 断面

【形態的特徴】
- 群体は直線的で捻じれないが、わずかに曲ることがある。
- 刺毛は細胞の四隅より少し内側から射出し、殻縁もしくはそのやや外側で隣接刺毛と交差する。末端刺毛と連結刺毛に形態的な違いは無く、断面は円形。表面には細孔と小棘が螺旋状に並ぶ。これらの構造はSEMでないと観察できない。また休眠胞子の形成の際には刺毛が群体を巻くように曲がる。
- マントルの縫線は不明瞭である。
- 細胞サイズ(頂軸長)：12～18μm
- 休眠胞子の初成殻の外形は緩やかに膨らみ、表面に多数の少棘が伸びる。両マントル縁辺より柵状刺が伸びる。隣接細胞の休眠胞子と接合し、2個で1セットの休眠胞子となる。接合部から刺毛が細胞を巻くように湾曲して伸びる。この刺毛の表面には小棘が配置されている。

【同定ポイント】
- 栄養細胞は *C. diadema* の四角いタイプやその他多数の種に類似し、栄養細胞の形態だけでは種同定が難しい。種同定には休眠胞子の確認が必須と思われる。
- *C. radicans* の休眠胞子と形態が似ているが、休眠胞子の表面から伸びる多数の小棘の有無で、判別できる。

出現地点／出現時期	1	2	3	4	5	6	7	8	9	10	11	12
オホーツク海											■	

【類似種、間違い易い種】
Chaetoceros radicans
Chaetoceros diadema

Chaetoceros muelleri var. *subsalsus*
(Lemmermann) J.R.Johansen & Rushforth 1986

No Synonyms

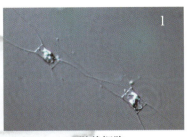
1. 栄養細胞

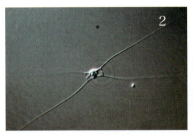
2. 栄養細胞

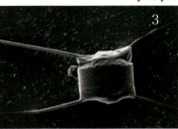
3. 栄養細胞

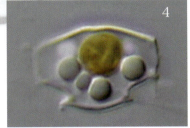
4. 休眠胞子

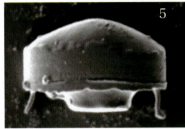
5. 休眠胞子

6. 休眠胞子イラスト

【形態的特徴】
・細胞は単体もしくは、2～3細胞の短い群体を形成する。
・刺毛は、細胞の四隅より射出し、曲がらない。
・マントルの縫線は不明瞭である。
・休眠胞子の初成殻の外形はドーム状で、表面は滑らか。両マントルも滑らかである。後成殻の外形は台形で、両端から太い刺を1本ずつ伸ばすことがある。

【同定ポイント】
・基本は単体で、栄養細胞の形態だけでの種同定は難しく、休眠胞子の確認が必要である。汽水湖で確認される。

Chaetoceros similis Cleve 1896

【形態的特徴】
・群体は直線的で捻じれない。
・刺毛は、細胞の四隅よりほぼ直角に射出する。末端刺毛と連結刺毛に形態的な違いは無い。
・マントルの縫線は不明瞭である。
・バルブ面中央が大きく隆起し、隣接細胞のそれと結合する。
・休眠胞子は確認されなかった。

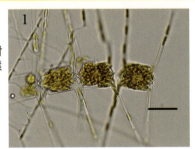
scale bar : 20μm
1. 刺毛 中間部

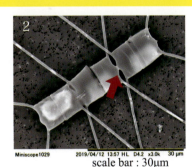
scale bar : 30μm
2. 栄養細胞

【同定ポイント】
・本種は C. rostratus と似るが、細胞連結部の形状で区別することができる。つまり、本種はバルブ面の中央が大きく隆起し、隣接細胞のそれと結合しているのに対し、C. rostratus は、パイプ状の連結棘で結合している。

出現地点／出現時期	1	2	3	4	5	6	7	8	9	10	11	12
オホーツク海			■									

【類似種、間違い易い種】　　*Chaetoceros rostratus*

第2章 キートケロス図鑑　　145

Attheya longicornis R.M.Crawford & C.Gardner 1994

No synonyms

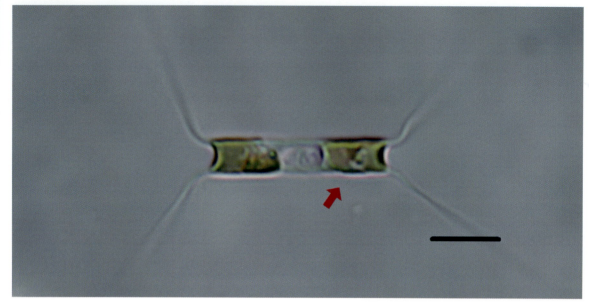

scale bar : 20μm

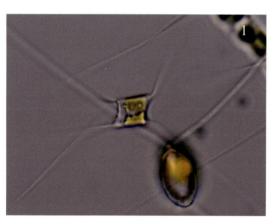

1. 栄養細胞

【形態的特徴】
- 群体を形成せず、単細胞性である。
- 細胞端より出た刺毛は、細胞縁に平行に少しの間でた後４５度の角度で真っすぐ伸びる。刺毛の断面は円形で、表面は、Chaetoceros科の刺毛とは全く異なり、細い糸状の模様が螺旋状に巻く特殊な構造をしている。これらの構造はSEMでないと観察できない。
- マントルの縫線は不明瞭である。
- バルブ面は滑らかで、中央付近でややへこむ。
- 休眠胞子は確認されなかった。

2. 栄養細胞

【同定ポイント】
- 本種は、*C. tenuissimus* と形態が酷似するが、本種は細胞端より放射された刺毛が、細胞縁に平行に少しの間でた後、４５度の角度で伸びる特徴があり、この点で*C. tenuissimus* と区別できる。ただし、正確な種同定を行うは、SEMを用いて刺毛を観察するか、DNA解析が必要である。

Attheya longicornis R.M.Crawford & C.Gardner 1994

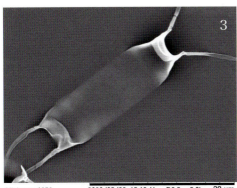
3. 栄養細胞

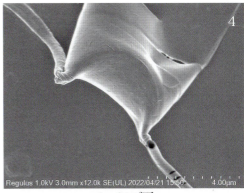
4. バルブ面

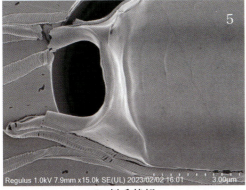
5. 刺毛基部

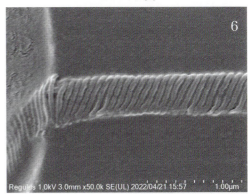
6. 刺毛 基部

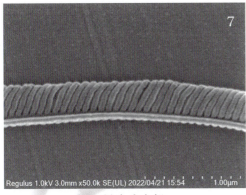
7. 刺毛 中央部

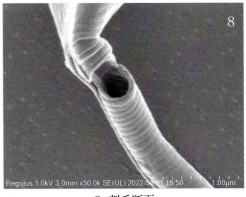
8. 刺毛断面

出現地点／出現時期	1	2	3	4	5	6	7	8	9	10	11	12
富山湾				■								

【類似種、間違い易い種】
Chaetoceros tenuissimus

18 S　　28 S

登録遺伝子配列

第2章 キートケロス図鑑　　147

3. 形態分類のタイプ分け(栄養細胞だけでは分類ができない種類)

　通常、モニタリングやアセスメントに於ける植物プランクトン分析依頼の場合は、現場で採水もしくはネット濾過サンプルを採取後、ホルマリンかグルタールアルデヒド等で固定した標本を同定する。
　このためサンプルを分類・同定するときは、基本固定サンプルを見ることとなるので、培養やDNAを測定することは難しくなる。キートケロス属の場合、前述のとおり栄養細胞の形態だけでは、特徴が希薄なものや、休眠胞子を確認しないと種を特定しづらいものが複数種存在する。
　また同種であっても、細胞の縦横比、空隙の広さ、刺毛の形状が異なる物が同時に出現する場合もある。形態学的特徴だけで、間違いないものは、その種で計数すれば良いが、そうで無い種は、sp. 扱いとして計数するなどの調整が必要になる。
　種まで同定できないものが1種ならば、その特徴を記載しておけば良いが、複数種が含まれる場合、*Chaetoceros* spp. のように複数の種類をまとめて標記する場合がある。この場合は、それぞれがどの程度居たのかが分からない。このような場合も以下の Type 分けを使うことで今後の調査において有用な情報を掲示することとなると思われるので *Chaetoceors* 属に関してのみ参考までに記載した。

A. 休眠胞子を確認しないと(栄養細胞だけでは)同定できない種

1. compressus Type *C. compressus* *C. contortus*	両種とも連結刺毛の中に太い特別な刺毛が混じる事がある。 　この特別な刺毛がある程度長い場合は、*C. compressus* となり極端に短い場合は、*C. contortus* となる場合が多いが、中間くらいの物も存在すると同定できない。このような場合、この Type で標記すると良い。 　自然界においても、この中間に出る特別な太い刺毛のあるものと、ないものが通常混在する。単離培養すると、1回目は、ある程度この太い刺毛を持つ群体は出るが、さらにそこから継代培養すると太い刺毛を持つものは激減し、繰り返し継代すると、太い刺毛を持つものが殆ど出なくなる。 　個々の細胞内の顆粒状の葉緑体は特徴的なので、この特別太い刺毛がなくても本Typeにすることは問題ないと思われる。
2. constrictus Type *C. constrictus* *C. vanheurckii*	過去に、G.C.Pitcher や Hargraves が、この2種のそれぞれの休眠胞子を掲載しているが、日本近海において、6回程培養し、休眠胞子の形成を見たが、全て *C. vanheurckii* の休眠胞子を形成し、*C. constrictus* の休眠胞子と確認できた事は、一度もなかった。 　そして、*C. constrictus* のページでも記載致したが、*C. vanheurckii* の休眠胞子となった種の遺伝子解析を行っても100％の相同率で *C. constrictus* になった。 　この2種に関しては、明確な研究が進むまで、とりあえず Type 種として記載が必要と思われる。
3. distans Type *C. distans* *C. rotosporus* *C. seiracanthus*	*C. distans* の休眠胞子と *C. rotosporus* の休眠胞子は、明らかに異なるが、栄養細胞では、見分けることが難しく、ともに空隙は、広い方で、区別がつかない。 　*C. rotosporus* は、2013年に Yang Li 他が新種記載をする以前は、日本国内では、問題なく *C. distans* として記載していたが、これ以降難しくなった。またこの *C. distans* と栄養細胞の形状が似る種で、*C. seiracanthus* がある。 　栄養細胞でも判別は難しいが、刺毛の向きが *C. distans* は、一定方向であるのに対し *C. seiracanthus* は 不揃いの方向へ向き、細胞四隅よりわずかに内側から射出することと、*C. distans* ほどガードル面のくびれが明瞭でない点等の違いはあるものの、そこだけで見極めるには不安が残るため、この3種を *distans* Type としたが、常に本種の違いを気にして見ている場合、この違いも分かるかもしれない。

4.	lauderi Type *C. lauderi* *C. teres*	*C. lauderi* と *C. teres* であるが、両種を栄養細胞だけでは判別しがたい。 　休眠胞子の違いは一目瞭然であるが、日本近海で出現する種としては、*C. lauderi* の方が多い様に思う。（網走や紋別、小田原近海で採取したサンプルから本種と思われるものをピックアップし単利培養した結果、9：1位の割合で、*C. lauderi* の休眠胞子を形成した。） 　*C. teres* の場合は *lauderi* と比較し細胞が短めであることが多いと思われるが、これだけでは、判別をつけるのは難しく、やはり休眠胞子の形成を促すことが必要になる。
5.	lorenzianus Type *C. elegans* *C. laevisporus* *C. mannaii* *C. mitra*	*C. lorenzianus* は2017年 Yang Li 他により三種に分けられた。 　日本においてこの3種がいる可能性も高いが、未確認であり、今後の動向に注意したい。 　刺毛や休眠胞子について SEM を使用した確認が必要である。 　現在までこの3種を全て *C. lorenzianus* として同定していたため、LM レベルだけでわけるのには限界があり、この場合は Type 種としての分類が良いと思われる。
6.	socialis Type *C. gelidus* *C. sporotruncatus* *C. dichatoensis*	*C. socialis* は2017年 Chetan C. Gaonkar 他により細かく分けられ、2013年 Chamnansinp 他により命名された *C. gelidus* が遺伝子解析の結果その近縁種との報告があった。現在のところ日本においては、これら種を確認されていないが、*C. socialis* には、これら種類が混在するものと思われるため、Type 種としてまとめた。
7.	*C. affinis* Type *C. donghainensis* *C. forceps* *C. lepidus* *C. wille*	Lu et al. (2023) の論文で、本種 *affinis* を含む5種に分類・登録されたため、末端刺毛が鎌形状で、他の刺毛に比べ頑強で太い典型的な Type の *affinis* 以外は、左記の4種に分けられた。 　形態で分かるものは良いが、全て合わせて標記する場合は、*affinis* Typeとして表記し、その旨明記するのが望ましい。

B. 類似種（誤同定されやすい種に関して）→各種別のページに詳細を記載

1.	distansとlaciniosusを混同している論文がある	ロシアの Shevchenko ら (2006) は、*Chaetoceros laciniosus* Schütt のシノニムとして *Chaetoceros distans* Cleve を挙げている。 　確かに栄養細胞は共に空隙が広く、群体は直線状で曲がらず類似するが、末端刺毛の向きや、休眠胞子は、全く異なり別種である。 https://www.algaebase.org/search/species/detail/?species_id=70819
2.	縦長の diadema と distans (laciniosus)	*C. diadema* の栄養細胞で一般的なのは、ガードル面の幅 (apical axis)の方が広く、高さのない扁平な細胞のものが多いが、時に縦長の細胞になることがある。 　休眠胞子形成時は特に幅より高さが増し縦長の細胞となる。 　本種の休眠胞子は特徴的でわかりやすいが、経過途中の細胞の場合、*C. distans* や *C. laciniosus* と似てくるため注意が必要である。

3.	affinis の末端刺毛の太くないものと constorictus Type	*C. affinis* も形態変化が起こりやすく、典型的な形態（末端刺毛が太く頑強で、群体は曲がらず、ねじれず直線的で、空隙は狭く細い披針形をなすもの）以外の形態の時は、*C. constoricutus* などと混在していると判別がつきにくいので注意が必要である。
4.	denticulatus と borearis	*C. denticulatus* も *C. borearis* もサイズや空隙の状態（六角形もしくは丸型）は、ほぼ同型で、どちらか迷うが、*C. denticulatus* は刺毛基部の交差部に突起があれば本種とする。ない場合は、*C. borearis* である。
5.	decipiens と lorenzianus	この両種は、サイズは他の Hyalochaete に比べ大きく形態も類似する。 典型的なものは判別しやすいが、時にどちらか迷うことがある。判別ポイントは、刺毛付け根の癒合があれば、*C. decipiens* とする。 また *C. lorenzianus* は、刺毛表面の孔の形状が *C. decipiens* より大きい孔が多く、LM でも高倍率（400〜1000×）で確認することができる。
6.	didymus と protuberans	この両種を栄養細胞だけで分けるのは難しく *C. protuberans* は、過去に *C. didimus* の variety で、隣接刺毛からの交点の位置が群体軸よりやや離れたところで交わるのが *C. protuberans* としていたが、DNA 解析の結果これだけではわからない場合が多いことが判明した。 それぞれの休眠胞子を確認する以外にないと思われる。

C. これといった特徴が希薄で分かりづらい種（sp.）

1.	coronatus	休眠胞子を形成した時は、その形が特徴的であるため、同定可能になる。 栄養細胞の形態だけでは種の判別はつかないと思われる。 休眠胞子が見つからない時は、DNA を調べるしかない。
2.	siamensis	細胞は、直線かやや曲がり、空隙は比較的狭く披針形で、中央部の2か所で少し窪むのが本種の特徴。 休眠胞子は上殻、下殻に著しく長く刺が多数あり、殻の中央部分にできる。 この休眠胞子が見つかれば同定を間違うことはまずない。

4. 刺毛表面構造一覧表

No.	種名	基部	中央部	先端付近	断面	全体
1	*Bacteriastrum comosum*					
2	*Bacteriastrum delicatulum*					
3	*Bacteriastrum elongatum*					
4	*Bacteriastrum furcatum*					
5	*Bacteriastrum hyalinum*					
6	*Bacteriastrum minus*					
7	*Chaetoceros aequatorialis*					
8	*Chaetoceros affinis*					
9	*Chaetoceros anastomosans*					
10	*Chaetoceros atlanticus*					
11	*Chaetoceros borealis*					
12	*Chaetoceros brevis*					
13	*Chaetoceros calcitrans*					

第2章 キートケロス図鑑

No.	種名	基部	中央部	先端付近	断面	全体
14	*Chaetoceros castracanei* (*danicus*)					
15	*Chaetoceros cinctus*					
16	*Chaetoceros coarctatus*					
17	*Chaetoceros compressus* var. *hirtisetus*					
18	*Chaetoceros concavicornis*					
19	*Chaetoceros constrictus*					
20	*Chaetoceros contortus*					
21	*Chaetoceros convoltus*					
22	*Chaetoceros coronatus*					
23	*Chaetoceros costatus*					
24	*Chaetoceros curvisetus*					
26	*Chaetoceros danicus*					
27	*Chaetoceros debilis*					

No.	種名	基部	中央部	先端付近	断面	全体
28	*Chaetoceros decipiens*				未確認	
29	*Chaetoceros densus*					
30	*Chaetoceros denticulatus*					
31	*Chaetoceros diadema*					
32	*Chaetoceros didymus*					
33	*Chaetoceros didymus* var. *anglicus*					
34	*Chaetoceros didymus* (cf. v.*protuberans*)					
35	*Chaetoceros distans*					
36	*Chaetoceros diversus*					
37	*Chaetoceros eibenii*					
38	*Chaetoceros furcellatus*					
39	*Chaetoceros laciniosus*					
40	*Chaetoceros lauderi*					

第2章 キートケロス図鑑　153

No.	種名	基部	中央部	先端付近	断面	全体
41	*Chaetoceros lepidus*					
42	*Chaetoceros lorenzianus*				未確認	
43	*Chaetoceros messanensis*					
44	*Chaetoceros minimus*					
47	*Chaetoceros neogracilis*					
48	*Chaetoceros paradoxus*					
49	*Chaetoceros peruvianus*					
50	*Chaetoceros pseudocrinitus*					
51	*Chaetoceros pseudocur-visetus*					
52	*Chaetoceros pseudodichae-ta*					
53	*Chaetoceros radicans*					
54	*Chaetoceros rostratus*					
55	*Chaetoceros rotosporus*					

No.	種名	基部	中央部	先端付近	断面	全体
56	*Chaetoceros salsugineus*					
57	*Chaetoceros seiracanthus*					
58	*Chaetoceros siamensis*					
60	*Chaetoceros socialis*					
61	*Chaetoceros subtilis*					
62	*Chaetoceros* sp.(cf. *subtilis* var. *abnormis*)					
63	*Chaetoceros tenuissimus*					
64	*Chaetoceros teres*					
65	*Chaetoceros tetrastichon*					
66	*Chaetoceros tortissimus*					
68	*Attheya longicornis*					

※ 下記の5種は未確認である。

No. 25 *Chaetoceros dadayi*
No. 45 *Chaetoceros mitra*
No. 46 *Chaetoceros muelleri*
No. 59 *Chaetoceros similis*
No. 67 *Chaetoceros vanheurckii*

刺毛表面構造形態（文字化）

No.	種名	基部 表面構造	基部 小棘	中央部 表面構造	中央部 小棘	先端付近 表面構造	先端付近 小棘	断面	特記事項
1	*Bacteriastrum comosum*	平滑	×	平滑	×	平滑	短い	○	中央部まで結合
2	*Bacteriastrum delicatulum*	楕円孔	×	楕円孔	短い	螺旋&縦縞	×	○	中央部まで結合
3	*Bacteriastrum elongatum*	楕円孔	×	細孔	短い	細孔	短い	○	癒着なし
4	*Bacteriastrum furcatum*	楕円孔	×	細孔	短い	螺旋&縦縞	短い	○	中央部まで結合
5	*Bacteriastrum hyalinum*	楕円孔	×	螺旋&縦縞	短い	螺旋&縦縞	短い	○	中央部まで結合
6	*Bacteriastrum minus*	楕円孔	×	螺旋&縦縞	短い	螺旋&縦縞	短い	○	基部連絡糸による弱い結合
7	*Chaetoceros aequatorialis*	平滑	×	平滑	長い	平滑	短い	□	
8	*Chaetoceros affinis*	孔＋細孔	×	列細孔	短い	螺旋&縦縞	短い	○	
9	*Chaetoceros anastomosans*	平滑	×	細孔	短い	縦縞	短い	○	群体軸外で連絡結合
10	*Chaetoceros atlanticus*	平滑	×	細孔	短い	細孔	短い	□	
11	*Chaetoceros borealis*	平滑	×	細孔	短い	細孔	短い	□	
12	*Chaetoceros brevis*	螺旋細孔	×	螺旋細孔	短い	螺旋細孔	短い	⬡	
13	*Chaetoceros calcitrans*	縦溝孔	×	縦溝孔	×	縦溝孔	×	○	ヤンマー株
14	*Chaetoceros castracanei*	細孔	×	細孔	長い	細孔	長い	□	
15	*Chaetoceros cinctus*	平滑	×	螺旋細孔	短い	螺旋縦溝孔	短い	○	
16	*Chaetoceros coarctatus*	細孔	短い	細孔	長い	細孔	長い	□⬠○	四〜六角
17	*Chaetoceros compressus* var. *hirtisetus*	平滑	×	細孔	長い	細孔	長い	○	基部に細毛あり
18	*Chaetoceros concavicornis*	細孔	長い	細孔	長い	細孔	長い	□	
19	*Chaetoceros constrictus*	楕円孔	×	細孔	短い	細孔	短い	⬠	
20	*Chaetoceros contortus*	平滑	×	螺旋細孔	短い	螺旋細孔	短い	○	
21	*Chaetoceros convoltus*	細孔	×	細孔	長い	細孔	長い	□	
22	*Chaetoceros coronatus*	平滑	×	細孔	短い	縦溝孔	短い	□	四隅に鍔あり
23	*Chaetoceros costatus*	平滑	×	細孔	短い	細孔	短い	○	
24	*Chaetoceros curvisetus*	平滑	×	細孔	短い	細孔	短い	○	
25	*Chaetoceros dadayi*	−	−	−	−	−	−	−	未確認
26	*Chaetoceros danicus*	細孔	×	細孔	長い	細孔	長い	□	
27	*Chaetoceros debilis*	平滑	×	螺旋細孔	短い	螺旋細孔	短い	○	
28	*Chaetoceros decipiens*	孔あり	短い	連続楕円孔	短い	連続楕円孔	短い	⬡	
29	*Chaetoceros densus*	細孔	×	細孔	長い	細孔	長い	□	
30	*Chaetoceros denticulatus*	細孔	×	細孔	長い	細孔	長い	□	
31	*Chaetoceros diadema*	平滑	×	列細孔	短い	縦溝孔	短い	⬠	
32	*Chaetoceros didymus*	孔あり	短い	大小孔	短い	縦溝孔＋丸孔	短い	⬠	
33	*Chaetoceros didymus* ver. *anglicus*	孔あり	短い	大小孔	短い	縦溝孔＋丸孔	短い	⬠	

No.	種名	基部 表面構造	基部 小棘	中央部 表面構造	中央部 小棘	先端付近 表面構造	先端付近 小棘	断面	特記事項
34	Chaetoceros sp.(cf. *didymus* var. *protuberans*)	孔あり	短い	大小孔	短い	縦溝孔＋丸孔	短い	⬠	
35	Chaetoceros distans	平滑	×	小孔	短い	縦溝孔	短い	□⬠	四〜五角
36	Chaetoceros diversus	楕円孔	×	縦溝孔	短い	縦溝孔	×	□○	四角〜丸
37	Chaetoceros eibenii	平滑	短い	細孔	短い	細孔	短い	六〜七角形	
38	Chaetoceros furcellatus	平滑	×	螺旋縦溝孔	短い	螺旋縦溝孔	短い	○	
39	Chaetoceros laciniosus	螺旋細孔	×	螺旋細孔	中	螺旋細孔	短い	○	
40	Chaetoceros lauderi	平滑	×	螺旋細孔	短い	螺旋細孔	短い	○	
41	Chaetoceros lepidus	楕円孔	×	小孔	短い	縦溝孔	短い	○	
42	Chaetoceros lorenzianus	連楕円孔	短い	連楕円孔	短い	連楕円孔	短い	⬠⬠	五〜六角
43	Chaetoceros messanensis	平滑	×	螺旋細孔	短い	螺旋縦溝孔	短い	○	
44	Chaetoceros minimus	螺旋細孔	×	螺旋細孔	中	螺旋細孔	中	○	
45	Chaetoceros mitra	−	−	−	−	−	−	−	未確認
46	Chaetoceros muelleri	−	−	−	−	−	−	−	未確認
47	Chaetoceros neogracilis	縦溝孔	×	縦溝孔	×	縦溝孔	短い	○	ヤンマー株
48	Chaetoceros paradoxus	細孔	×	細孔	短い	細孔	短い	○□	四角〜丸
49	Chaetoceros peruvianus	平滑	×	細孔	長い	細孔	長い	○	
50	Chaetoceros pseudocrinitus	平滑	×	螺旋縦溝孔	短い	縦溝孔	短い	○	
51	Chaetoceros pseudocurvisetus	平滑	×	螺旋細孔	短い	螺旋細孔	短い	○	中央部飛び石小孔あり
52	Chaetoceros pseudodichaeta	細孔	長い	細孔	長い	細孔	長い	□	基部付近の小棘は細長く糸状
53	Chaetoceros radicans	平滑	×	平滑	長い	螺旋細孔	短い	○	基部〜中央まで刺毛には長い糸状の棘がある
54	Chaetoceros rostratus	平滑	×	細孔	長い	細孔	長い	□	
55	Chaetoceros rotosporus	平滑	×	縦溝	短い	縦溝孔	短い	□	高知大株
56	Chaetoceros salsugineus	螺旋縦溝孔	螺旋小棘	縦溝孔	短い	縦溝孔	短い	○	根本付近は著しく捻じれ平滑×細孔残る刺毛断面は円形だが外
57	Chaetoceros seiracanthus	平滑	×	細孔	短い	細孔	短い	⬡	鍔あり
58	Chaetoceros siamensis	細孔	×	細孔	短い	縦島螺旋	短い		
59	Chaetoceros similis	−	−	−	−	−	−	−	未確認
60	Chaetoceros socialis	平滑	×	縦溝孔	短い	縦溝孔	短い	○	
61	Chaetoceros subtilis	平滑	×	縦溝孔	短い	縦溝孔	短い	○	
62	Chaetoceros sp.(cf. *subtilis* var. *abnormis*)	平滑	×	細孔	羽状	平滑	羽状	○	
63	Chaetoceros tenuissimus	螺旋縦溝孔	×	螺旋縦溝孔	短い	螺旋縦溝孔	短い		(高知大株)根本付近は捻じれるが小棘はない
64	Chaetoceros teres	細孔	×	螺旋細孔	短い	螺旋細孔	短い	○	
65	Chaetoceros tetrastichon	細孔	× ※	細孔	長い	細孔	長い	□	※上部刺毛基部に網状の突起あり
66	Chaetoceros tortissimus	螺旋細孔	×	螺旋細孔	短い	螺旋縦溝孔	短い	○	
67	Chaetoceros vanheurckii	−	−	−	−	−	−	−	未確認
68	Attheya longicornis	糸巻構造	×	糸巻構造	×	糸巻構造	×	○	糸巻構造

第2章 キートケロス図鑑　157

5. 休眠胞子一覧表

No.	種名 / 穿孔位置	SEM画像 (一部LM)	LM画像 (一部SEM)	イラスト
8	*Chaetoceros affinis*			
9	*Chaetoceros anastomosans*			
12	*Chaetoceros brevis*			
15	*Chaetoceros cinctus* 穿孔未確認			
17	*C. compressus* var. *hirtisetus*			
19 67	*Chaetoceros constrictus*			
20	*Chaetoceros contortus*			
22	*Chaetoceros coronatus*			
23	*Chaetoceros costatus*			

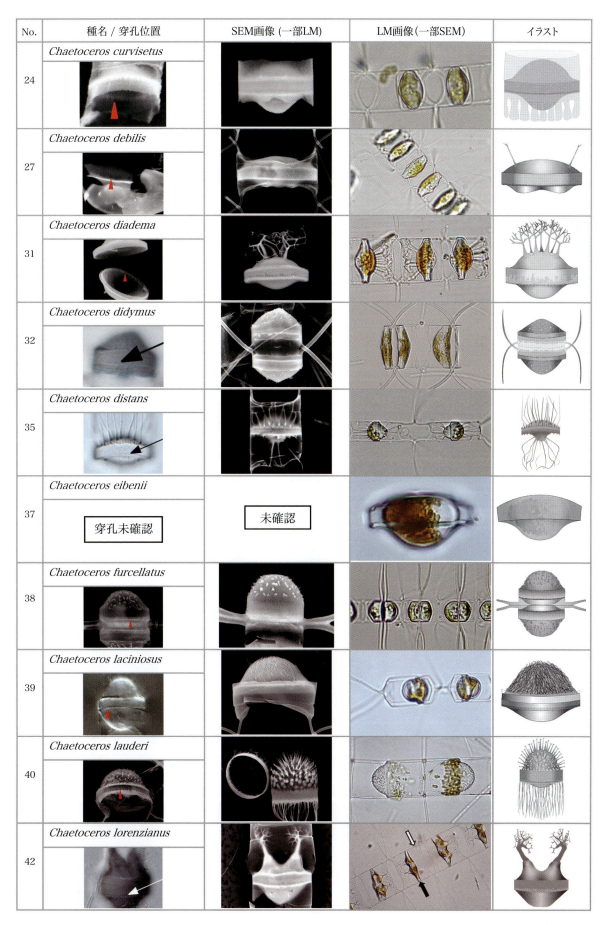

No.	種名 / 穿孔位置	SEM画像 (一部LM)	LM画像 (一部SEM)	イラスト
45	*Chaetoceros mitra* 穿孔未確認	未確認		
46	*Chaetoceros muelleri* 穿孔未確認			
51	*Chaetoceros pseudocurvisetus*			
53	*Chaetoceros radicans*			
55	*Chaetoceros rotosporus* 穿孔未確認			
57	*Chaetoceros seiracanthus*			
58	*Chaetoceros siamensis*			
60	*Chaetoceros socialis*			
61	*Chaetoceros subtilis*			
64	*Chaetoceros teres*			

休眠胞子の形態変化について

　休眠胞子の形態は種により異なり、同一種では、微妙な差はあるものの基本的には、同じ場合が普通であるが、そうではなく同一種の休眠胞子で、丸型と扁平型の２つの存在が確認されたので下表にこの２種類画像を掲載した。

　休眠胞子の縦横比は、写真のように大きく変わり同じ種の休眠胞子とは思えないほど（特に *C. socialis* や *C. furcellatus*）異なる形であるが、基本的な構造（棘の出方、表面構造物の形状など）は同じであることから、別種ではないと推察された。
　この違いの理由は定かではないが、大きく次の３つの理由が考えられる。
　　①変種の可能性
　　②周辺環境（A:栄養状態、B:光温度条件、C:泥中／浮遊、D:地域個体差）
　　③形成途中

　また *C. diadema* に関しては、栄養細胞から休眠胞子形成をする個体は、細胞幅(Apical axis)より細胞長の方が徐々に増し形成に至るため、増殖期の栄養細胞は、基本的に幅より長さは短く、扁平の細胞であるが、休眠胞子を形成すると、逆に幅より長さの方が２〜３倍長くなることが観察された。

No.	種名	丸型	平型
8	*Chaetoceros affinis*		
31	*Chaetoceros diadema*		
35	*Chaetoceros distans*		
38	*Chaetoceros furcellatus*		
60	*Chaetoceros socialis*		
61	*Chaetoceros subtilis*		

6. 分子系統

　本書に記載した68種のうち、28SrRNA遺伝子(D1-D2)領域(以下：28S)で53種、18SrRNA 遺伝子(V7-V9)領域(以下：18S)40種のDNA塩基配列を取得した。取得した配列は公的ゲノムデータベース(DDBJ/GenBank/EMBL)(以下：データベース)に登録(P.163 表1)した。

　本書の種別図版では *Chaetoceros socialis* を統合して1種として記載しているが、本項では得られた解析結果から *C. socialis* を細分化した種名である *C. sporotruncatus* を採用した。得られた配列のうち、28Sでは *Attheya longicornis* を除いた全種、18Sでは全種の配列を系統樹作成に使用した。

　解析精度の担保を目的としてデータベースに登録されている他のキートケロス科の配列も併用し各遺伝子領域の分子系統樹を作成した(P.164 図1, P.165 図2)。

　作成は国立研究開発法人 水産研究・教育機構 水産技術研究所の長井 敏博士に依頼した。

　系統樹を作成した結果、28S、18Sともに本研究で得られた各種の配列とデータベースに登録されていた同種の配列は類似しており、分子系統樹上の近くに位置した。*C. danicus* や *C. eibenii* などの本書で暗脚亜属として掲載した種が遺伝的に近縁であることが示された。

　C. neogracilis、*C. calcitrans* などの小型で単細胞性の種は概ね分子系統樹上の近くに位置したが、18Sの系統樹では *C. calcitrans* が2つの異なるクレードに分かれた。

　これは、

　　　① 地理的な変異など遺伝的に異なる株である。
　　　② 分類学的に別種である。

　上記2点の可能性が考えられた。

C. borealis と *C. denticulatus* の2種においては28S、18Sともに同一の塩基配列が取得されたため今回の領域では両種の区別ができなかった。これらの問題は、より多くの箇所からより多くの株を採集・解析すること、解析する塩基配列長を伸ばすことで解決できる可能性がある。

　本研究で登録した配列のうち、28Sで13種、18Sで11種の配列がデータベースに登録がされていない状況(2024年　12月時点)であった。キートケロス科においてはデータベースが十分に整備されておらず、rRNA遺伝子を用いた種同定を実施する上でデータベースを充実させることが今後の重要な課題である。

　以上の事から、今後は未解析種の解析に加え、既解析種の28Sや18Sの全長配列取得、他領域の解析を行い、得られた配列のデータベース登録を行う事により、分類の整理及びデータベースの整備を鋭意実施することを予定している。

表 1. 登録種一覧

No.	本書記載種名※	データベース登録種名	accession numbers 28SrRNA	accession numbers 18SrRNA
1	*Bacteriastrum comosum*	*Bacteriastrum comosum*	LC858112	–
2	*Bacteriastrum delicatulum*	*Bacteriastrum delicatulum*	LC858113	LC858119
3	*Bacteriastrum elongatum*	*Bacteriastrum elongatum*	LC858114	–
4	*Bacteriastrum furcatum*	*Bacteriastrum furcatum*	LC858115	LC858120
5	*Bacteriastrum hyalinum*	*Bacteriastrum hyalinum*	LC858116	–
6	*Bacteriastrum minus*	–	–	–
7	*Chaetoceros aequatorialis*	–	–	–
8	*Chaetoceros affinis*	*Chaetoceros affinis*	LC483974	–
9	*Chaetoceros anastomosans*	*Chaetoceros anastomosans*	LC847677	LC847719
10	*Chaetoceros atlanticus*	–	–	–
11	*Chaetoceros borealis*	*Chaetoceros borealis*	LC564877	LC847707
12	*Chaetoceros brevis*	*Chaetoceros brevis*	LC564872	LC847704
13	*Chaetoceros calcitrans*	*Chaetoceros calcitrans*	LC847680	LC847722
14	*Chaetoceros castracanei*（*C. danicus* 参照）	–	–	–
15	*Chaetoceros cinctus*	–	–	–
16	*Chaetoceros coarctatus*	*Chaetoceros coarctatus*	LC847683	–
17	*Chaetoceros compressus* var. *hirtisetus*	*Chaetoceros hirtisetus*	LC847689	LC847730
18	*Chaetoceros concavicornis*	*Chaetoceros concavicornis*	LC564880	LC847709
19	*Chaetoceros constrictus*	*Chaetoceros constrictus*	LC847687	LC847728
20	*Chaetoceros contortus*	*Chaetoceros contortus*	LC500046	LC858121
21	*Chaetoceros convolutus*	*Chaetoceros convolutus*	LC564878	LC847708
22	*Chaetoceros coronatus*	*Chaetoceros coronatus*	LC847681	LC847723
23	*Chaetoceros costatus*	*Chaetoceros costatus*	LC790696	LC847716
24	*Chaetoceros curvisetus*	*Chaetoceros curvisetus*	LC564871	LC847703
25	*Chaetoceros dadayi*	–	–	–
26	*Chaetoceros danicus*（*C. castracanei* 含）	*Chaetoceros danicus*	LC508019	LC847701
27	*Chaetoceros debilis*	*Chaetoceros debilis*	LC486258	LC847693
28	*Chaetoceros decipiens*	*Chaetoceros decipiens*	LC508017	LC847696
29	*Chaetoceros densus*	*Chaetoceros densus*	LC486261	LC847695
30	*Chaetoceros denticulatus*	*Chaetoceros denticulatus*	LC847678	LC847720
31	*Chaetoceros diadema*	*Chaetoceros diadema*	LC500047	LC847697
32	*Chaetoceros didymus*	*Chaetoceros didymus*	LC486257	LC847692
33	*Chaetoceros didymus* var. *anglicus*	*Chaetoceros didymus* var. *anglicus*	LC847682	LC847724
34	*Chaetoceros didymus* var. *protuberans*	*Chaetoceros* cf. *protuberans*	LC564870	LC847702
35	*Chaetoceros distans*	*Chaetoceros distans*	LC847685	–
36	*Chaetoceros diversus*	*Chaetoceros diversus*	LC564882	–
37	*Chaetoceros eibenii*	*Chaetoceros eibenii*	LC858117	LC847726
38	*Chaetoceros furcellatus*	–	–	–
39	*Chaetoceros laciniosus*	*Chaetoceros laciniosus*	LC500048	LC847698
40	*Chaetoceros lauderi*	*Chaetoceros lauderi*	LC847676	LC847718
41	*Chaetoceros lepidus*	*Chaetoceros lepidus*	LC847690	–
42	*Chaetoceros lorenzianus*	*Chaetoceros lorenzianus*	LC790691	LC847711
43	*Chaetoceros messanensis*	*Chaetoceros messanensis*	LC564874	LC847705
44	*Chaetoceros minimus*	*Chaetoceros minimus*	LC790692	LC847712
45	*Chaetoceros mitra*	–	–	–
46	*Chaetoceros muelleri*	–	–	–
47	*Chaetoceros neogracilis*	*Chaetoceros neogracilis*	LC847679	LC847721
48	*Chaetoceros paradoxus*	*Chaetoceros paradoxus*	LC564876	–
49	*Chaetoceros peruvianus*	*Chaetoceros peruvianus*	LC486260	–
50	*Chaetoceros pseudocrinitus*	*Chaetoceros pseudocrinitus*	LC564873	–
51	*Chaetoceros pseudocurvisetus*	*Chaetoceros pseudocurvisetus*	LC564875	LC847706
52	*Chaetoceros pseudodichaeta*	–	–	–
53	*Chaetoceros radicans*	*Chaetoceros radicans*	LC508018	LC847700
54	*Chaetoceros rostratus*	–	–	–
55	*Chaetoceros rotosporus*	–	–	–
56	*Chaetoceros salsugineus*	*Chaetoceros salsugineus*	LC790695	LC847715
57	*Chaetoceros seiracanthus*	*Chaetoceros seiracanthus*	LC847675	LC847717
58	*Chaetoceros siamensis*	–	–	–
59	*Chaetoceros similis*	–	–	–
60	*Chaetoceros socialis*	*Chaetoceros socialis*	LC858118	–
		Chaetoceros sporotruncatus	LC486259	LC847694
61	*Chaetoceros subtilis*	*Chaetoceros subtilis*	LC790693	LC847713
62	*Chaetoceros* sp. (cf. *subtilis* var. *abnormis*)	*Chaetoceros subtilis* var. *abnormis*	LC790694	LC847714
63	*Chaetoceros tenuissimus*	*Chaetoceros tenuissimus*	LC847686	LC847727
64	*Chaetoceros teres*	*Chaetoceros teres*	LC500049	LC847699
65	*Chaetoceros tetrastichon*	–	–	–
66	*Chaetoceros tortissimus*	*Chaetoceros tortissimus*	LC790690	LC847710
67	*Chaetoceros vanheurckii*（*C. constrictus* 参照）	–	–	–
68	*Attheya longicornis*	*Attheya longicornis*	LC564879	–

–：未登録または未解析
※本書で記載した種名とデータベースで使用されている種名が異なるケースがあるため種名を併記している。
新規登録種または領域を示す。

図1.

28S rRNA 遺伝子(D1-2)領域の系統樹

複数種の配列情報をNCBIからダウンロードし、fastaフォーマットのファイルを作成した。

MEGA11により、ある程度、配列長を揃えた後に、MAFFT Ver.7にてマルチプルアライメントを行った。

MEGA11で再度、配列両端を揃えた後、Tree to Use, Neighbor-joining tree; StatisticalMethod, Maximum Likelihood; Gaps, Partial deletion; Site Coverage cutoff (%), 50; Branch Swap Filter, Very strong, Number of Threads, 1 の条件で最適モデルの選定を行った。

その結果、T92 + G + I(Tamura-3-parameter)法が最適であるとの結果を得て、ML法で分子系統樹を作成した。

Test of Phylogeny, None; Gaps, Gaps, Partial deletion; Site Coverage cutoff (%), 50; ML Heuristic Method, Subtree-Prunin-RegraftingExtensive (SPR level 5); Initial Tree for ML, Make initial tree automatically; Branch Swap Filter, Very strong; Number of Threads, 1 の条件で系統樹を作成した。

その後、ML法およびNJ法でBootstrapを100回実施して系統樹を作成した。各枝の>50を示したBootstrap値をML法で作成した系統樹にML/NJ)の順に記した。

accession numbersが表記されていない種名が本書で解析したもの、表記されている種名がNCBIからダウンロードしたものを示す。

MAFFT ver.7 (https://mafft.cbrc.jp/alignment/server/index.html) MEGA ver.11 (https://www.megasoftware.net/)

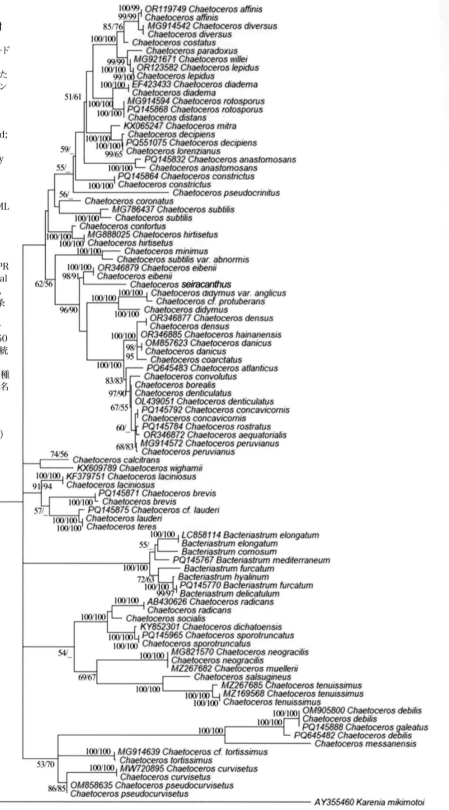

164　第2章 キートケロス図鑑

図2.

18SrRNA遺伝子(V7-V9)領域の系統樹

複数種の配列情報をNCBIからダウンロードし、fastaフォーマットのファイルを作成した。

MEGA11により、ある程度、配列長を揃えた後に、MAFFT Ver.7にてマルチプルアライメントを行った。

MEGA11で再度、配列両端を揃えた後、Tree to Use, Neighbor-joining tree; Statistical Method, Maximum Likelihood; Gaps, Use all sites; Branch Swap Filter, Very strong, Number of Threads, 1 の条件で 最適モデルの選定を行った。

その結果、T92 + G + I(Tamura-3-parameter)法が最適であるとの結果を得て、ML法で分子系統樹を作成した。

Test of Phylogeny, None; Gaps, Use all sites; ML Heuristic Method, Sub-tree-Prunin-Regrafting-Extensive (SPR level 5); Initial Tree for ML, Make initial tree automatically; Branch Swap Filter, Very strong; Number of Threads, 1 の条件で系統樹を作成した。

その後、ML法およびNJ法でBootstrapを100回実施して系統樹を作成した。各枝の>50を示したBootstrap 値をML法で作成した系統樹にML/NJの順に記した。

accession numbersが表記されていない種名が本書で解析したもの、表記されている種名がNCBIからダウンロードしたものを示す。

MAFFT ver.7(https://mafft.cbrc.jp/alignment/server/index.html)MEGA ver.11(https://www.megasoftware.net/)

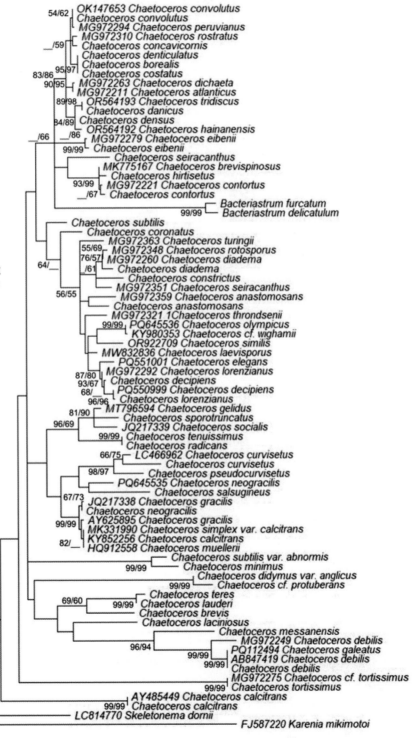

第3章 調査・分析方法

1. 調査目的と採集　　　　　P. 168 ~ P. 169

2. 海洋浮遊珪藻の観察　　　P. 170 ~ P. 174

3. 単離培養と休眠胞子形成　P. 175 ~ P. 179

4. 遺伝子解析方法　　　　　P. 180 ~ P. 181

5. データ集　　　　　　　　P. 182 ~ P. 184

1. 調査目的と採集

調査・研究の目的によりその採集方法はさまざまである。海産浮遊珪藻を対象とする場合、もしくは海産浮遊珪藻を含む植物プランクトン類の目的や採集方法には以下のものが挙げられる。

① 目的

各種環境モニタリング調査、魚類等資源量調査・餌料生物調査・取込影響調査（発電所等の取水・放水の影響）や対象種（特定種）のみの調査、底泥の休眠胞子の調査など様々な調査・研究。

② 採集方法

A：採水法　モニタリング等では、通常表層水2L前後を採取する。

環境モニタリング等で植物プランクトンの種類や数を調べる時は2L程度の量があれば特に問題ないが、海の状況によりその種類や数は、大きく変化する。

そのため2ℓ採水後20ml～2ml（濃度により可変）程度まで濃縮、検鏡した時にはほとんど生物が居ない場合と、ブルームの時期などは、大量にいて濃すぎる場合もある。

モニタリング調査であれば、多いとき少ない時を記録するだけなので、特に問題はないが対象物（種）のみをそこから選別・採取したい時などは、沢山の量を集める事ができるネット法や採水濾過法が適している。

B：ネット法　プランクトンネットを使い対象物を集めて採取する。

対象物（種）の違いにより、ネットの種類や網目のオープニングサイズを合わせて採集する。

通常陸から採集する場合は、ネットを投げて曳いてくるか、垂直護岸等からの場合は、護岸沿いに曳くと大量に採取可能である。船で沖に出て採集する場合は、船の速力で曳く場合と人力で曳く場合によるが濾過効率を超えて速く曳くと、ネットが水を濾過しきれず破れてしまう場合もあるので注意が必要。

また港でこのプランクトンネットを曳く場合、特に漁港の場合は、対象の港の管轄に了承を取って採集しないと、ウナギの稚魚や魚卵等で営利が絡む場合があるので、注意が必要。定量採集の場合は、ネットに濾水計をセットする。

※　指定水深のサンプル採集の場合：採水の場合は、採水器（バンドーン採水器、ナンセン転倒採水器（水温同時測定）、北原式採水器等が一般的であり、ネット法の場合は、各層を一回で曳くMTDネット（元田式水平ネット）などがあるが、船上作業となり複数人での対応が必要である。

※　現地調査においては、安全第一であり、調査開始前に危険予知（調査地点や周辺環境の違いなどで危険と思われる行為や、装置の取り扱い、気象条件等）について前もって話し合い、事故の無いよう努める事を忘れてはならない。

C：採水濾過　一定量を採水（ポンプやバケツ）し、ネットで濾しとる。

前述のネット採集をしたいができない場合や、発電所の取り込み影響調査等では、一定量の海水を汲む必要があるため、この方法を使用する。バケツ採水の場合は、特に問題ないが、ポンプ採水の場合、ポンプの羽根（インペラ）による対象藻類の損傷の可能性があり、サイズにもよるが、単離培養等には不向きである。

D：採泥　底質や底泥中の生物が目的の調査では、内容やその精度にもよるが、通常海の場合は、スミスマッキンタイヤやエックマン採泥器を使用し、休眠胞子などを対象とする採泥では、表層近い泥を流出することなく採集したいので、コアサンプラーが有効である。

※　プランクトンネットの場合、その目開き（オープニングサイズ）生地の種類など、詳細は田中三次郎商店のHPを参照されたい。
　　検索キー："田中三次郎商店プランクトンネット"
　　https://www.tanaka-sanjiro.com/products/list.php

対象が小さいため、あまり小さい目合いを選択すると、濾過効率が悪く目詰まりを起こしなかなか濾過が難しい場合があるので注意が必要。通常植物性（定量）小型プランクトンネット（離合社）は、XX17（オープニング72μm）であるが特定のサイズを対象とする場合は、これに限らない。

③ サンプルの固定

　調査・研究目的により異なりますが、採取したサンプルは通常常温で保管すると、2、3日で腐敗するため、各種固定法で行う必要がある。しかし対象藻類を培養する場合は、固定せずに保冷(冷蔵)し持ち帰ることになる。

A：ホルマリン固定

　通常中性ホルマリンを3％～10％(原液ホルマリン濃度は37％)程度入れ攪拌固定する。生物量により可変させる。対象が動物の場合はシュガーホルマリンを使うことが多い。珪藻の場合、基本ガラスの体なので腐敗を抑える事が重要であり、安価で固定力の強いホルマリンが手軽である。

B：ルゴール液

　鞭毛藻類や動物プランクトンなどは、固定による破裂、変形、縮小などが起こることが知られているが、この度合いが小さい為、鞭毛藻を対象とする場合やサイズ測定が目的の場合に主に用いられる。

　添加量は1～10％前後を添加しますが、時間経過によりルゴール液が細胞内に黒く色素が沈着し、また容器にも色素の付着で赤くなってしまうことがあり通常ではあまり使用されない。

　近年の報告では、ルゴール液10％固定の場合、遺伝子解析試料としても使える固定方法として形態と遺伝子解析の両方可能な点は、今後の調査で大きな利点となる。

C：グルタールアルデヒド溶液

　特に鞭毛藻類の鞭毛の剥離を防ぐため本溶液を使用する事がある。使用濃度は原液の1～2％前後で使用する。しかし長期間保存する場合には、固定力がホルマリンより弱い為、またホルマリンより高価な為あまり使用されない。

　※　それぞれの利点・欠点があるが、目的の用途に合わせ使用することが理想である。珪藻の場合、細胞そのものは、ガラスでできた殻が壊れずに残っている事が重要なので、固定液添加後に激しく攪拌したりせず、そっと持ち帰る事が重要である。

④ サンプルの濃縮

　採水にて搬入されたサンプルの検鏡には、セディメントチャンバー(左図)を使用する場合は、そのマニュアルに従い検鏡するが、特別な場合を除いて下図のように濃縮後検鏡を行う。

沈殿管

※ 写真・図のように、最低 1昼夜の静置沈殿後、沈殿物が舞い上がらないようにそっと サイホンチューブを入れ、上澄みを除去後、1/2～1/3 程度の容器に入れ替え、また静置沈殿する。これを沈殿管容量に入るまで 2, 3回繰り返し最後は沈殿管に入れ、静置沈殿後、最終的に2 ml ～ 20 ml 程度まで濃縮する。この時、沈殿量が多い場合は容量を多く、少ない(0.1ml以下)場合は最終容量を小さくする。検鏡時にあまり濃いと、藻類が重なって見づらくなるので、最終濃縮量を調整する。

サイホンによる上水除去濃縮作業工程						
濃縮例 (容器の容量)						
採水	1日目	2日目	3日目	4日目	5日目
2ℓ	500 ml	250 ml	100 ml	50 ml	検鏡
※ 静置沈殿：24時間以上放置					
1回の濃縮では、元の量の1/2～1/4程度までとする。					

2．海産浮遊珪藻の観察

　微細藻類の観察には、通常顕微鏡を用いる。単に顕微鏡と言っても様々な種類がるが、目的とする用途に合わせた顕微鏡が必要である。以下に用途別の顕微鏡の種類とそれぞれの観察時のポイントをまとめた。

用途	顕微鏡の種類1	顕微鏡の種類2	
1．同定・計数	① 生物顕微鏡 （正立顕微鏡）	A：明視野観察 B：微分干渉観察 C：位相差観察 D：蛍光観察	（通常観察） （細部構造確認） （低コントラスト確認） （種類の差他）
2．細胞培養	② 倒立顕微鏡 （摘出等に便利）	A：明視野観察 D：蛍光観察	（通常観察） （種類の差特定種等他）
3．超微細構造	③ 電子顕微鏡	A：走査電顕 B：透過電顕	（SEM：表面構造確認） （TEM：内部構造）

最低限必要な顕微鏡基礎知識と観察時のポイント

　いくら高価な顕微鏡を使用しても、その使用方法が誤っている場合や、未調整のものを使用していたのでは、シャープな像を見ることができない。
　そこで、顕微鏡の調整と簡単な観察ポイントについて以下に記載した。
　国産の対物レンズは、×4、×10、×20、×40、×100、接眼レンズ×10が一般的である。
　より高価な顕微鏡は、対物レンズに色収差と球面収差を補正したレンズ（Apocromart）≒蛍石レンズ（fluorite lens）を使用したものが使われ、それらはレンズの開口数＝NA値が大きいレンズである。開口数が大きい事で、試料から発せられた光の情報量が多くなり、分解能の高い像を得ることができる。

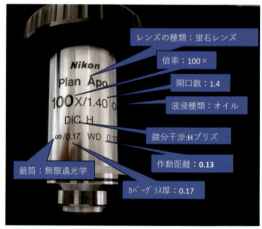

　しかしこれらの最高級レンズは、基本的に被写体とレンズとの間が狭く、特に高倍率（×40、×100）を使う場合は、プレパラートの厚みが大きくなるとレボルバーを回したときに、サンプルを引っかけてしまうことがあり、注意が必要である。どのメーカーの対物レンズでも、右上図のようなレンズの特徴が記載されている。

① **生物顕微鏡**
　　〜 顕微鏡の調整 〜
　　　光軸調整　（真出し望遠鏡と絞り環でコンデンサー位置を調整：
　　　詳細は、各メーカーのマニュアルを参照）。

A. **コンデンサーの上下位置**：基本スライドグラスに近い所にセットするが、視野中にこれを動かすことで光源付近のゴミが見えたりする場合は、少し下へずらすなど調整が必要。

B. **コンデンサー絞り環**：使用する対物レンズの倍率により変えることが必要で、低倍率（×4、×10）では、コントラストを上げ見易くするために、最大まで絞る。それ以上の倍率では絞ることにより、情報量が減ってしまい分解能が低下するので、絞りは開けることが望ましいが、開けすぎるとコントラストが低下し見づらくなるので、倍率を上げた分徐々に絞り環は開けてゆくのがよい。
　　　（絞り環の絞り割合を次頁に記載した）。

オリンパスBX51蛍光顕微鏡

※ 顕微鏡のメーカー差（対物レンズの作り方）やサンプル量や種類、光源の輝度の状態により異なるため、数値とは異なる場合があり、視野を見ながら最善の調整を行う必要があり、熟練した技術が必要である。また、微分干渉顕微鏡観察の場合は、基本絞りは開放となるが、メーカーにより、また求める画像により方法が異なるので、それぞれのマニュアルを参照。

対物レンズ	絞り環
×4	MAXに絞る
×10	MAXに絞る
×20	80〜90%
×40	70〜80%
×100 オイル	50〜70%

明視野観察

微細藻類では生物顕微鏡による明視野観察が一般的である。明視野の場合、サンプルにより一定量を採取後プレパラートを作成し観察する。

倍率は、通常×200〜×400を使用する。サンプルが新しい場合は、葉緑体の状態（色や形）が同定ポイントの一つになる場合があるので、藻類の形や大きさと共に観察・記録する。計数する場合は、一定量をマイクロピペットで採取し、カバーグラスを被せ検鏡する。

カバーグラスのサイズは様々だが、真四角(18mm×18mm)の場合、25〜50μℓ前後の量を使う。容量が多いとカバーグラスからはみ出してしまい数を数えたときの数値の信頼性が損なわれる。少ない場合は、計数もしやすくなるが、光源の熱で検鏡中にプレパラートが乾き、気泡が入るので、熟練度合いやサンプル中の藻類の種数や数により調整が必要。

微分干渉観察

この観察方法は、被写体が薄く透明に近い場合、通常の明視野観察に比較して輪郭や内部の構造が分かりにくい場合に、特に有効である。

微分干渉とは、試料の厚さや屈折率のわずかな違いにより物体に影ができて輪郭のみが強調される。珪藻の体はガラス質のため、周りの水やガラス・封入剤などの比較的近い屈折率の場合に有効。この影は、プリズムにより向きを変えることができる。このため形態を詳しくできるだけ細部まで調べたい時にもまた有効である。

石井らの休眠胞子同定の論文では、休眠胞子の2次バルブにある穿孔を確認するためにこの微分干渉が有効であると言われている。

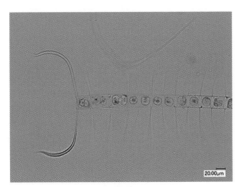
明視野観察

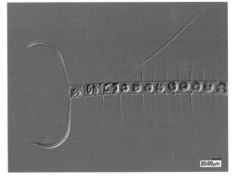
微分干渉観察

位相差観察

前述の微分干渉観察と同様に被写体が薄く、透明に近い場合に使用すると有効である。位相差と微分干渉観察の違いだが、位相差では対象物を透過する光が回析光（斜めから当たる光）と直進光の2種類の光の差により対象物にコントラストが付くため、微分干渉と比較し、より透明なサンプルでもそのままの状態で存在感が高まりやすく見落としが少なくなる。

この場合、微分干渉より光の透過率が下がることにより全体が暗くなり、全ての対象物にのみ光が当りフォーカスが合っていない対象物でも光る。形態を確認し、認知した後で計数を目的とするときは、通常の明視野観察と比較すると、その数に大きな差が出ることがある。

明視野観察

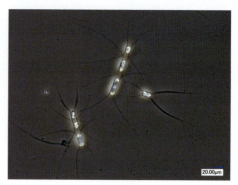
位相差観察

蛍光観察

　ピコ植物プランクトンや底泥中のシストの計数・検出には、この蛍光顕微鏡を使うと便利である。
　蛍光顕微鏡には、励起光と呼ばれるブルー・グリーン・UVなどの光を対象物にあてることにより葉緑体が光って見える。何もないサンプルの場合、視野は暗く真っ黒な状態で、葉緑体が入ると光って見えるため発見が早くなる。特に底泥サンプルでは、泥も入っているため通常の明視野では、見づらくこの蛍光顕微鏡で対象を探す場合に有効である。これは生物顕微鏡に限らず、倒立顕微鏡でも同じである。

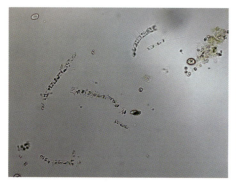
明視野観察

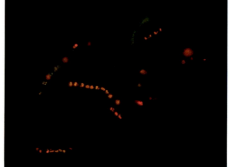
蛍光観察

②　　倒立顕微鏡

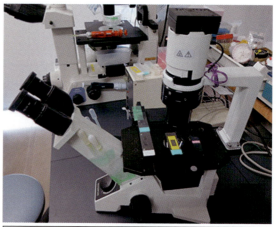
倒立顕微鏡

　培養するために、自然界の生サンプルから単一藻類の摘出作業や、ウェルプレートに培養中のサンプルを観察する場合にこの倒立顕微鏡を使用する。
　更にできるだけ多くの試料を見る必要がある場合は、スライドグラス中央付近にビニールテープを数枚張り合わせ、中央にプールができるようにカッターで四角くカットし大量観察用プレパラートを作る。これにより水面の周囲が四角く枠取りされるため、振動による揺れも抑えられ対象を見つけ摘出するときに適している。
　一度に 0.5～1.5ml 前後の水量を入れることができるが、あまり水深のある状態で生物量が多い場合は、生物が積み重なってしまうため、サンプルの濃度と、量の調整には注意が必要である。
　また生物顕微鏡（正立）を使いプレパラート内でピペットを動かすことは左右上下が逆となって見えるので対象物を摘出する場合大変難しいが、倒立顕微鏡だとそれがないので、対象物を捉えることが容易となる。ある程度の熟練は必要であるが、対象物を視野のほぼ中央に入れ摘出作業をするには、この顕微鏡が最適と言える。またウェルプレートを使用した培養においては、プレートがそのままステージに乗せることが可能で、しかも微動装置がそのまま使えるので大変便利である。

③　走査型電子顕微鏡（SEM）

通常の光学顕微鏡では、倍率や分解能が足りず細部の構造を見る事が難しい場合に電子顕微鏡を使用する。

走査型電子顕微鏡(以降SEM)では、基本的に表面の微細構造を見るために使用するが、加速電圧を上げることで、対象物が薄い層の場合、強い電子線のため対象を通り抜け電子線が中まで到達する場合がある。すると表面だけではなく、中の構造も見える場合がある。

下の写真では、加速電圧を1kvで観察した場合と、30kv観察の比較画像である。

1kvの場合は、電子線が対象物の表面で反射し戻ってきた像を確認しているが、15～30kvに加速電圧を上げる事で、電子線が細胞の奥まで届き、中の物に当たり戻ってきた像を見ると透き通った画像が確認できる。

基本的には、加速電圧は、高くなればその分、分解能は理論的には上がる。しかし見たい部位がどこにあるのかによりその加速電圧を変える必要がある。対象が浮遊珪藻の表面構造を見たい場合は、加速電圧を5kv以下の加速電圧にして、2次電子による観察が一般的である。

卓上 SEM (日立TM-3030)

加速電圧の違い

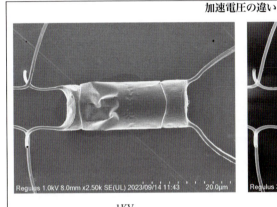
1KV

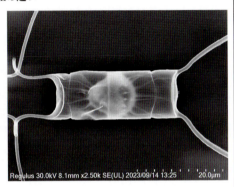
30KV

④　透過型電子顕微鏡（TEM）

光学顕微鏡では、文字通り光（可視光線）とレンズを使い対象物を捉え拡大した像を見る事ができるが、これには分解能に限界がある。この限界を超えるには、より波長の短い光を使う必要がある。

通常の生物顕微鏡と原理的には同じだが、光（可視光線）の代わりに電子線を使う事でその分解能が格段に上がり、より拡大することが可能となる。

前述のSEMも同じだが、SEMの場合は基本表面を見るのに対して、TEMは透過した影を見る点で異なる。これを使う用途は、対象物の内部構造を確認することである。珪藻の場合は、細胞内部の構造や、壁の模様などを見るのに使用する。

SEMは試料をそのままの状態で保たれるが、TEMの場合はオスミウム等で染色後エポキシ樹脂などで包埋して、超ミクロトームで、このエポキシ樹脂ごとスライスしたものを試料とする。

この試料の厚みは概ね10～15Å(=mmμ)で、これを試料台に乗せ検鏡する。

北海道大学電子科学 (研) 日立SU8320

⑤　生物顕微鏡用プレパラートの作成

　対象が植物プランクトンの場合、まず取ってきた検体からプレパラートを作成する。付着珪藻を対象とし、その同定を目的とする場合でも、まずは生サンプルの状態でプレパラートを作成し、検鏡・計数した後、再度同定のため酸処理を行い珪藻の殻だけにして殻の形状から同定するが、浮遊珪藻を対象とする場合、付着珪藻に比べ殻が薄く弱い為、酸処理後何度も洗いを行うことで殻が壊れ、形がわからなくなる。従って固定されたサンプルや生サンプルを直接マイクロピペットで採取し、プレパラートを作成することが望ましい。

　また群体の形状が分類ポイントになることが多く、採取されたサンプルは、均一になる様に攪拌後採取するが、激しい攪拌や、勢いよくピペットで吸うことで群体が壊れる場合があるので注意が必要である。

生サンプルのプレパラートの作成例
サンプル容量＝50μℓ
カバーグラス＝18mm×18mm
松波硝子工業＝No.1（0.12～0.17）
※顕微鏡の対物レンズは、この0.17mmというガラスの厚さに対し屈折率を計算し作られている。

⑥　SEM 試料の作成方法

　付着珪藻の場合は、浮遊性種に比べ殻が厚く構造も異なるため通常は酸処理後、身と蓋を洗いにより分離させ、見やすくしたあと、濾紙等に集め蒸着する。浮遊珪藻の場合は、殻が薄く、特に *Chaetoceros* に関しては必ず刺毛があるためそっと濾過して乾燥させただけでも殻が壊れる場合があり、酸処理などの洗いはせずに生サンプルをそのまま濾過する。

　この時使用する濾紙は、MF-ミリポア（MF-Millipore）メンブレンフィルターでも可能だが、SEMで観察時にバックにフィルター繊維が絡み合った状態が見えてしまうため画像全体が汚くなる（目的があって使用する場合は除く）。

　このためバックがシンプルなポアフィルター（右図）を使用するのが一般的である。日本電子からは、微粒子、微生物用にポリカーボネート膜を使用した"ナノパーコレーター（0.6μm孔径）"（右図）が発売されており便利である。

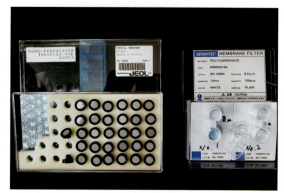

　ポアフィルターの場合は、ポアサイズが数種類あるので、対象の藻類が通過しないサイズを選択するとよい。*Chaetoceros* の場合多くは、8μmのポアサイズを使用し、サイズの小さい *Chaetoceros* にはさらに小さいサイズがある。下図の様な形状のものを作成し、上部穴よりサンプルを一定量滴下したのち、海産性の場合は、塩抜きが必要なため、1ml前後の蒸留水で洗いながら濾過する。

　その後、フィルターを抜き、風乾を（10分程度）行い、試料台（ここでは写真の18mm角の塩ビ樹脂）にフィルターの上部面を上にして木工用ボンドで貼り付ける。

　SEMの場合、試料を入れてから真空にする時間等が掛かるので、複数枚の試料を1回で観察する場合は、写真のように試料台に複数枚載せて観察する方が時間のロスが少なくて済む。

　その後、真空容器に入れ1昼夜乾燥させた後に、蒸着する。

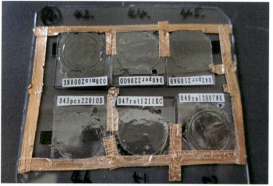

　観察後も蒸着試料を真空容器で保管していれば、少なくとも1～2年は、問題なく観察可能だが、フィルター表面に接着剤等で微細藻類を張り付けている訳ではないため、時に藻類が剥離してSEM内の試料室に飛散してしまう場合があるので、試料の取り扱いには注意が必要である。

　なお、生物試料の場合は、どうしてもチャージアップによる画像の乱れが起こる事があるので、試料台にフィルター表面のアースが確実に行われるよう（右上図参照）、銅テープ等でアースすることを忘れず行う事が重要である。

3. 単離培養と休眠胞子形成

① **目的**
　対象藻類を単離・培養・保存することは、次のような目的が想定される。

　A：現存量が少なくさらに1群体では対象藻類が非常に小さいため、遺伝子量が少なく、ある程度のDNA量が取れないと、後のPCR増幅で時間が掛かり増幅ができない場合があるがDNA量が多いと誤差も少なくPCR増幅が可能な場合が多い。

　B：単離培養することにより対象藻類のライフサイクルを観察できる。

　C：栄養細胞の形態では判別の付かない種類は、休眠胞子を作らせる事で、正確な分類が可能となる。

　D：培養により人為的に増殖が可能になると餌料生物としての役割が増す。
　　※　著者は、キートケロス科全種に関して、単離培養を試みたが、全ての種を培養することは難しく、特に Phaeoceros（暗脚亜属）に関しては、培養ができない種類が多くいた。また休眠胞子も種により簡単に作るものや、1年以上継代してからやっとできるものなど様々であった。

② **器具・機材**
　培養器具・機材は、以下のものが挙げられるが、目的に応じて適宜変更が必要である。

藻類の単離	倒立顕微鏡、 ピペット類 （キャピラリーピペット、マイクロピペット用チップ）、 柄付き針、 スライドグラス
滅菌、殺菌用具	乾熱滅菌器、 オートクレーブ、 電子レンジ、濾過フィルターセット($0.22\mu m$) クリーンベンチ、 ガスバーナ
培養器	培地保存瓶、 培養フラスコ or 培養試験管 or ウェルプレート（6, 12, 24, 48, 96穴等） インキュベーター（5℃〜20℃設定可能) or 振とう培養器 光源（蛍光灯 or LED照明）
保存容器	冷蔵庫、冷凍庫(-20℃〜-80℃)

③ **微細藻類の単離**
　倒立顕微鏡によるピペットを使った単離作業では、藻類のサイズにもよるが、*Chaetoceros* の場合40×〜100×程度の倍率を使用する。
　あまり倍率が高いとピペット操作が難しくなる。

　マイクロマニュピュレーターがセット可能な顕微鏡もあるが、高価であり、対象物を見つけながらの操作となると、かえって不便な場合もある。
　単離に使用するピペットは、キャピラリーピペットを使用することが多いが、ガラス管をバーナーで炙って作らないと細いものができない。

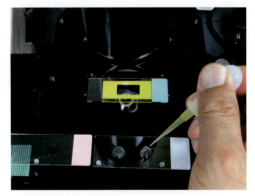

　しかし*Chaetoceros*サイズであれば、あまり細いキャピラリーを作ると、採取の時に群体が壊れる恐れがあり、私の場合は、マイクロピペット(1〜200μl)のチップ(使い捨て)を使用し、ゴム球を付け採取に使用している。
　サイズの大きいものは、更にこのチップの先をハサミでカットし、太くして使用する。

第3章 調査・分析方法　　175

※・顕微鏡下で単離する時に、対象物を見つけた場合は、先を細く尖らせた、柄付き針で、周囲のゴミをよけ、対象物が中央に来るようにして倍率40×前後の低倍率でピペット採取する。
・自然のサンプル中よりピックアップを行った後、再度対象の藻体や周辺の海水にゴミや、他の藻類が付着している可能生もあるので、検鏡しながらこれらゴミが完全になくなるまで、藻体を洗う必要がある。
・具体的には、右図のように①（初回選別個体）から再度対象藻体をピックアップし②へ入れ、さらに同様の操作を繰り返す（①〜③には、あらかじめ濾過海水か滅菌済み培地を滴下しておく）。その後③でゴミや他の藻類の付着がない事を確認しウェルプレートや、培養バイアル等に接種する。
・接種後、対象の藻体が確実に入ったか否かを倒立顕微鏡で確認する。確認後速やかにインキュベーターへ入れ培養を開始する。
※　ウェルプレートに入れた藻体を確認する場合、直径 1cm に満たない穴の中でも、対象藻類が小さい為、見つけるのは慣れが必要である。殆どは、表面張力でウェルプレートの壁面近くに張り付いている事が多い。

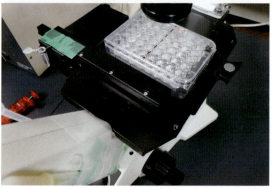

④　　**容器や培地の滅菌操作**

　　容器や培地の滅菌および藻類の取り扱いに関しては、基本的には、バクテリアや酵母等の扱いと同じである。
　　容器の滅菌には、乾熱滅菌器（180〜200℃、30分）、培地滅菌にはオートクレーブ（121℃、15分）を用いるのが一般的だが、海産珪藻の培地をこの条件で行うと、結晶が析出する場合があり、またオートクレーブ後に培地pHが変化するので、調整が必要なことを考えると、クリーンベンチ内で、ミリポアフィルターによる濾過滅菌が有効である。

※　クリーンベンチが無い場合は、密閉された室内で、操作周辺の空気の流れを止め、顕微鏡の周辺をエタノールスプレーで除菌した後、バーナーの火の周辺で、単離や植え継ぎ操作を行う事が必要である。

注）クリーンベンチは、未使用時は、殺菌灯を点灯しておくが、消さずに作業すると、対象藻類に支障を来すこともあり、さらに、目にも良くなく、ひどくなると失明の恐れもあるので注意が必要である。

⑤　　**培養器**

　　培養に使用する培地保管瓶、実際の培養を行う、試験管（要滅菌済み）や、ウェルプレート並びに培養フラスコを以下に示した。
　　まず、培養に使用する容器で、滅菌済み試験管（綿栓滅菌済み）の場合、1試験管でも 10ml 〜15ml 程度の培地量が必要である。しかも培養中の観察では試験管の栓は開けずに倒立顕微鏡で見るのは難しく、培養中に観察が必要な場合は、試験管からピペットで一定量採取し、プレパラートを作成した後に観察する必要がある。
　　しかしウェルプレートで培養する場合は、蓋を開けずにそのまま検鏡可能であり、雑菌のコンタミネーションを防ぐことが可能である。なお、使い捨ての培養フラスコであれば、蓋を開けずとも顕微鏡観察はできるものの、液体培地の場合は、面積が大きいので、どうしても少しの振動で大きく揺れるため作業しづらくなる。

多くの微細藻類を一回で複数種培養するためにはウェルプレートの24穴もしくは、48穴プレートのほうが作業効率が大変良く、滅菌済みのため作業も楽である。
　ただし、*Chaetoceros* 属の特に大型の Phaeoceros (暗脚亜属)の中には、理由は確かではないがウェルプレートでは培養できず、培養フラスコだと増殖可能な種類もおり、目的に応じての使用が求められる。

⑥　　使用培地の種類
　海産微細藻類用培地は数種の培地が知られている。すでに調整され、一般に市販されているものにダイゴIMK培地がある。同時に人口海水も市販されており、これらを使うと安定的な培養が可能である。
　この培地成分等に関しては、富士フイルム和光純薬株式会社のページを参照。
（検索キー：ダイゴIMK培地）

培地の調整ポイント
　自然界の濾過海水を使用する場合は、毒素等の混入が懸念されるため、生海水や、保管海水であっても一昼夜活性炭を入れて、不要な毒素を吸着させることも有効である。また、対象が珪藻の場合は、培地にゲルカルチャー（珪藻増殖促進剤：株式会社ダイイチ）を数個/1L入れ、数時間攪拌したものを使用するとよい。

　餌料生物としての大量培養が目的の場合は、ゲルカルチャーを培養中の溶液にそのまま入れることにより徐々にケイ酸が溶出し高濃度の培養が可能となる。同社の製品でKW21という藻類培養液も販売されておりこれを使用してもよい。KW21についての詳細は、株式会社ダイイチのページを参照。
（検索キー：KW21 藻類培養液 ゲルカルチャー）

　また培地の滅菌であるが、これら市販の培地に生の濾過海水を加え作った後、本来であれば、オートクレーブ（121℃20分他）で行う場合もあるが、元が生海水であることもあり、pHも変わり、沈殿物が析出することもあるため、濾過滅菌（0.22μmミリポアフィルター）を行っている。この時、濾過器やその他ガラス器具は、前もって乾熱滅菌（180℃120分）を行っておくことが重要である。

　また一度濾過した培地にゲルカルチャーを加え再度濾過が必要な場合や、量的に少なくても良い場合には、シリンジフィルターを使用してもよい。
　Chaetoceros の場合、優占種に上がってくる様な種（*Chaetoceros debilis*、*Chaetoceros pseudocurvisetus* など）に関しては培地を選ぶ必要はなく、生の濾過海水だけでも十分増殖するが、種によっては、増殖速度が非常に遅く、あるいは使用する培地により全く増えない種もいるため何種かの培地は揃えておいたほうがよい。

⑦　　培養条件
　A：光条件

　太陽光の波長は、0〜25000nmの幅広い波長帯であるが、400〜700nm付近の光が多い。過去には植物に必要な光は、400〜700nm（可視光線）と言われ、基本的にはそれ以外の紫外線（400nm以下）や遠赤外線（700nm以上）は、不要とされていたが、近年目に見えない波長の光もある程度必要であると言う研究結果もある。陸上植物や藻類に関しての光の研究は、徐々に進行しつつあるので今後の研究に期待したい。
　研究用に使用する藻類の培養の恒温槽（インキュベーター）は、通常ガラス越しに蛍光灯が並び、タイマーセットで明暗を制御する装置や、毒性試験等で使用する装置は、攪拌しながら培養する装置や、CO_2をバブリングしながら培養する装置等様々であるが、どれも非常に高価である。

また、蛍光灯の光は、その種類(白色、昼光色、昼白色等)により若干異なるが、基本的に青～赤までの幅広い波長を放つのに対し、LEDの波長域は、狭いものが多い。この波長の違いにより生育速度等も変わってくるものと思われる。

更に光の強さは、自然界でも、時間や気象条件で大きく変化し、また海では水深により透過する光の種類も変化するので、最良の照度は種や培養条件により異なるが、藻類の培養では概ね3000(lux)前後の光を用いている。実際に測定すると解るが、光源より1cm離して測定するのと、10cm離すのでは大きな違いがある。
(参考測定値：1cm=5000Lux, 10cm=3000Lux)

また光の明暗の同期は、通常24時間タイマーを使用し、明：暗＝12：12 もしくは＝16：8等が一般的である。

B：温度条件

海産浮遊珪藻の場合、概ね15℃前後の培養温度でほとんどの場合問題はないが、種により20℃近くないとうまく増殖しない種や、10℃以下のほうが良い種もある。

しかし、海産の浮遊珪藻は、0℃に近い水温でも増殖する。オホーツク海のブルーム(大量増殖期)は、例年3月後半に発生した。(2021,2022年)

この時期の海水の表面水温は、時間にもよるが、0.8℃～1.5℃前後で、港内で、2, 3日前までは、港の底まで見えていたのに、今日見たらまるで泥を入れてかき混ぜたかの様な状況で、プランクトンネットを1～2m引いただけでコットエンドが茶色くなるような事を何度も経験している。

ただ、人工培養は、全種に対応するのではないが、15℃より高い温度の場合は、増殖速度が上がり、低くすると下がる傾向にあると思われる。

上図：海明けの鱒浦漁港(網走市)
下図：ブルームが始まり海の水は珪藻でドロドロの状態。
　　　2022.3.21撮影

⑧　藻類の保存方法

海産珪藻の場合、栄養細胞をそのまま保管する場合は、冷蔵庫(4℃前後)が良いが、継代培養の場合、キートケロス科では、1～2週間程度が限度と思われる。

それより長く保管したい場合は、休眠胞子を作らせ、対象種にもよるが冷蔵庫での保管であれば、1～2か月程度は問題なく復活は可能である。さらに、植え継ぎ頻度を少なくしたい場合は、冷凍庫(-80℃)保管でも休眠胞子は可能との論文もあるが冷凍方法、解凍方法が難しい。

⑨　休眠胞子の誘導

キートケロス属の場合、基本 Phaeoceros(暗脚亜属)は休眠胞子を作らず、Hyalochaete(明脚亜属)は作るとされているが、一部の種は例外もある。休眠胞子の形態に関しての記述は、石井らが、論文や書籍で詳細に記述している。

また休眠胞子の形成は、栄養細胞の培養でも可能であるが、単離培養したすべての種に関して、試みたものの1週間程度で容易に形成する種は、自然界の中でも優占種で、数的に少ない場合や、希少種に関しては、難しい場合が多いようである。

本属の栄養細胞の形成の条件は、Kuwata et al.(1993)によると、ケイ酸塩が十分に存在する状態で窒素欠乏になった場合は休眠胞子が形成されるが、ケイ酸塩が少ない状態になると休眠胞子ではなく、休眠細胞を形成するという。

また、窒素欠乏以外で、培養により休眠胞子の形成を促す条件として、暗条件での培養である。通常培養では、明暗をつけて培養するが、窒素欠乏状況と共に光条件を全て暗条件に変更することも有効であるという情報もある。　猪狩(1928)

さらに、*Thalassiosira nordenskioeldii* を用いた実験では、鉄および硝酸塩が枯渇した条件下で休眠胞子を作るという報告がある。また *Chaetoceros socialis* のDFB（デスフェリオキサミンB）により鉄の吸収阻害を起こすと硝酸塩の取り込みもできず休眠胞子を形成するという報告もある。
Sugie et al. (2008)

Chaetoceros 属で栄養細胞から休眠胞子を形成させるためには、上記のようにケイ酸過剰、硝酸塩と鉄欠乏培地を使うことで、休眠胞子を作ることができそうであるが、日本近海の *Chaetoceros* 属約42種を対象に行った結果、休眠胞子が形成された種は15種であった。

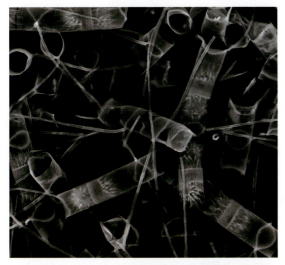

種により増殖スピードは異なり、また対象株の採取時期や増殖期や衰退期での差や使用する培地（現地海水を濾過し使用）によりさまざまであるので、一概には言えないが、概ね優占上位に入る様な種は、培養も簡単でまた休眠胞子もできやすい。

逆に、希少種ほど培養に時間がかかり、休眠胞子も作りづらい。また1年以上継代培養を続け、ある時突然に休眠胞子を作った種（左図）（*Chaetoceros siamensis*）もあることから今後の研究に期待したい。

優占種として出現するような種を単離後、概ね4〜6日程度で細胞数が最大に達したときは、ほぼ栄養塩類も枯渇しており、この状況下で継続培養をするとほぼすべての細胞が休眠胞子を形成することがある。

※　巻末のデータ集に、一連の培養で、休眠胞子ができた種の一覧があるので参照されたい。

※公的な研究施設や大手民間企業は除き、培養にあまり予算を掛けることができない中小企業の場合は、安価なクールインキュベーター内にLED光源をセットし、タイマーで制御するだけのものでも、珪藻は培養可能である。

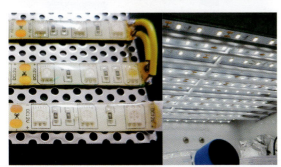

左図は、白色LEDテープライトを使用した自作の光源で、放熱も少なく安価で設置可能である。

しかし、恒温槽内部に光源を入れるため、LED点灯時の30分〜1時間程度は、一時的に庫内の温度が2〜3℃上昇し、その後設定温度に戻る。

安価な温度ログを記録するUSB機器も出ているので、設定時、一度は測定しておいた方がよい。

4. 遺伝子解析方法

DNA解析方法

① DNA抽出

　DNA抽出は培養状況に応じて図1, 2に示す2種類を使用した。単離培養により細胞が増殖した種はカネカ簡易DNA抽出キットversion2(株式会社カネカ)を使用した。

　手順はプロトコルに従い、試薬Aを添加後、ヒートインキュベーションの後に試薬Bを添加した。増殖がみられなかった種については5%Chelex溶液(Chelex 100(BIO RAD))を使用して直接抽出した。

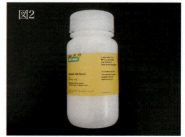

図1, 図2. 本実験のDNA抽出で使用した試薬

② 遺伝子のPCR増幅及び電気泳動

　各種の抽出DNAを鋳型としてPCR法にて18SrRNAと28SrRNA領域のDNAを増幅した。
　PCR法とはポリメラーゼ連鎖反応(Polymerase Chain Reaction)の略で、図3の原理でDNAポリメラーゼを用いてDNAを連鎖的に増幅する方法である。

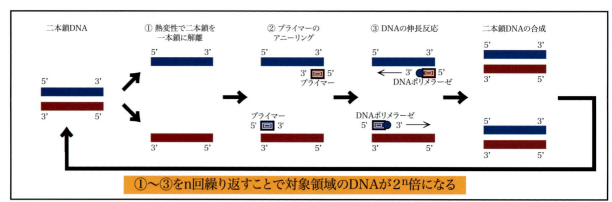

図3．PCR法の原理

　各領域の増幅に用いたプライマー配列を表1に示す。

表1．各領域の増幅に使用したプライマー配列

対象領域	プライマー名	配列 (5'→3')	出典
18SrRNA (V7-V9領域)	SSR-F1289-sn	TGGAGYGATHTGTCTGGTTDATTCCG	Sildever et al. (2019) [1]
	SSR-R1772-sn	TCACCTACGGAWACCTTGTTACG	
	SSU-5F	ATTGACGGAAGGGCACCA	Rosati et al. (2004) [2]
	SSU-7R	TGATCCTTCYGCAGGTTCACCTAC	Sakata et al. (2000) [3]
28SrRNA (D1-D2領域)	D1R(F)	ACCCGCTGAATTTAAGCATA	Scholin et al. (1994) [4]
	D2C(R)	CCTTGGTCCGTGTTTCAAGA	

1. Sildever, S., Kawakami, Y., Kanno, N., Kasai, H., Shiomoto, A., Katakura, S., Nagai, S., 2019. 683 Toxic HAB species from the Sea of Okhotsk detected by a metagenetic approach, seasonality, 684 and environmental drivers. Harmful Algae. 87, 101631. 685 https://doi.org/10.1016/j.hal.2019.101631
2. Rosati G, Modeo L, Melai M, Petroni G, Verni F: A multidisciplinary approach to describe protists: a morphological, ultrastructural, and molecular study on Peritromus kahli Villeneuve-Brachon, 1940 (Ciliophora, Heterotrichea). J Eukaryot Microbiol 2004, 51:49–59.
3. Sakata, T., Fujisawa, T. and Yoshikawa, T. (2000). Colony formation and fatty acid composition of marine labyrinthulid isolates grown on agar media. Fish. Sci., 66, 84-90.
4. Scholin CA, Herzog M, Sogin M, Anderson DM (1994) Identification of group- and strain-specific genetic markersfor globally distributed *Alexandrium* (Dinophyceae). Part II.Sequence analysis of a fragment of the LSU rRNA gene.Journal of Phycology 30: 999–1011.

本実験のPCRではDNAポリメラーゼとしてillustra™ Ready-To-Go™(cytiva)を用いた。

PCR反応は初期変性の後、熱変性、アニーリング、伸長反応を30〜35サイクル繰り返し、その最終伸長反応とした。

PCR産物の確認の為に1%アガロースゲルで電気泳動を行い、泳動後のゲルをエチジウムブロマイドで10分間染色した後、UV照射下でPCR産物のバンドを確認した。(図4)

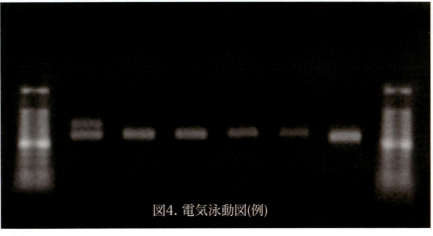

図4. 電気泳動図(例)

③ DNA 精製、シーケンシング

得られたPCR産物をQIAquick PCR Purification Kit(QIAGEN)もしくはGEL/PCRPurification Kit(FAVORGEN)を用いて精製した。方法はプロトコルに従った。シーケンシングは外部委託した。

④ アセンブル及び BLAST 検索

シーケンシングで得られた各種のフォワードとリバースの配列をgenestudioを用いてアセンブルした。結合した配列を公的ゲノムデータベース(DDBJ/GenBank/EMBL)でBLAST検索し、取得配列とデータベース登録配列の相同率を求めた。

BLASTとは(Basic Local Alignment Search Tool)の略で配列間の局所的な類似性のある領域を見つけるツールである。今回はNCBI(アメリカ国立生物工学情報センター、URL：https://www.ncbi.nlm.nih.gov/)のプログラムを用いた。BLAST検索の方法は以下の通り。(図5~8はNCBI (https://www.ncbi.nlm.nih.gov/)から引用。

① NCBIのページにアクセスし【BLAST】のページを選択。
② WEB BLASTの Nucleotide BLAST を選択。
③ 検索したい塩基配列を入力するか、配列の記載されているファイルをアップロードし、ページ下部の【BLAST】ボタンを選択。
④ 検索結果が表示され、データベースに登録された配列との相同率(Per. Ident)や、偶然に配列がデータベース内にある期待値(E value)などを確認。

図5~8. BLAST検索方法

第3章 調査・分析方法

5. データ集

① 採集地点並びに地点別キートケロス科分析結果

本書掲載の図版内の、写真や分布データに関しては、以下の採集により撮影、集計したものである。
これ以外にも珪藻図鑑作成の為に、2012年より撮り貯めた写真も一部掲載している。

No. 1、2 オホーツク海

No. 8 岩国

No. 4 富山

No. 9 新有明漁港

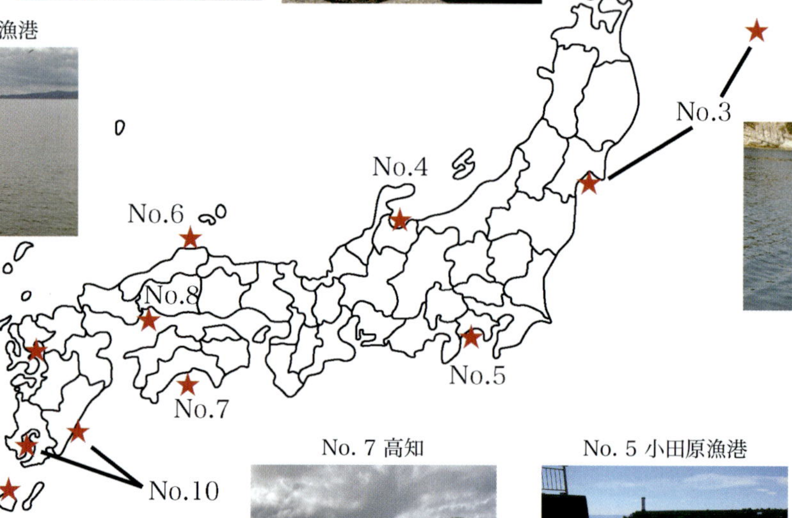

No. 3 東北沿岸

No. 7 高知

No. 5 小田原漁港

No. 11 屋久島

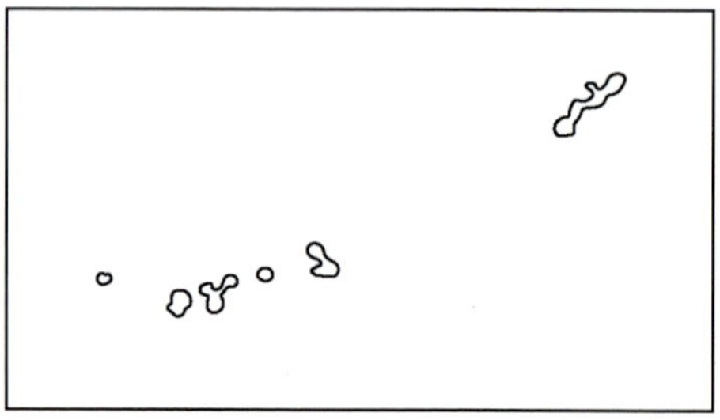

地点No.	採集期間	採集地点	採集者	生データ(QRコード)	備考(所属他)
1	2018.04～2020.12 (連)3年間	紋別オホーツク海	紋別市 片倉 靖次博士		水研機構 長井 敏博士
2	2021.03～2022.06 (連)(冬季海凍結未採集)	北海道 網走港 鱒浦漁港	内野 英一		1.3年 網走滞在 (株)プラントビオ
3	2023.04、05 2024.05	釧路沖、東北沿岸	桑田 晃博士		水研機構
4	2019.03～2020.05 (連) (2023.11)	富山県：岩瀬漁港 滑川漁港、(魚津港)	内野 英一 (関 将史)		1.5年 富山滞在 (株)プラントビオ
5	2020.09～2023.12 (連)	小田原漁港、真鶴半島沿岸	内野 英一		(株)プラントビオ (所在地)
6	2020.07 2023.07、08	宍道湖、中海	佐藤 紘子様 諏訪部 俊明		島根県 環境保健公社 (株)プラントビオ
6	2024.07	宍道湖	中村 幹雄博士 湯淺 もと様		(有)日本シジミ研究所
7	2023.07	高知沿岸	岩木 博之		(株)プラントビオ
8	2020.10～2022.11 (計5回)	岩国市沿岸	大野 様		岩国市 ミクロ生物館 末友 靖隆館長
9	2022.03	新有明漁港	堤 俊博		(株)プラントビオ
10	2023.10	鹿児島：マリンP 宮崎：フェリーT.	関 将史		(株)プラントビオ
11	2022.07	屋久島：志戸子漁港 小瀬田漁港	山口 莉奈様		(株)プラントビオ

※ 地点別Chaetoceros科分析結果のQRコードの有効期限は、本書の発売から3年とし、それ以後は"本書の特徴と見方"にQRコードがあるので、そのリンク先より確認ください。

※ 地点No.1のデータは、1L採水による定量集計データであるので、細胞数で記載されており、それ以外の集計に関しては、主にプランクトンネットによる定性分析結果(r、+、++・・標記)もしくは、少ない時期でも希少種を得るために採水後プランクトンネット濾過を行い、できるだけ大量の水を濾過＆観察した結果です。

　更に、種名に関しては、徐々にタイプ分けなどを行い記載標記が作表により変化している場合があります。Chaetoceros科をまとめる段階で、従来は栄養細胞の形態のみで同定していたものが、経験値を積んだことで休眠胞子の確認が必要なことが判明したり、逆に微妙な形態の差で同定できたりと、作表にも違いがございますので、ご容赦ください。

第3章 調査・分析方法　183

② 培養関連データ

種別の培養により、培養できた種と、できなかった種の一覧

種名	難易度	種名	難易度	種名	難易度
B. comosum	○	*C. costatus*	○	*C. neogracilis* （培養株）	◎
B. delicatulum	○	*C. curvisetus*	◎	*C. paradoxus*	◎
B. elongatum	△	*C. dadayi* （写真のみ）	−	*C. peruvianus*	◎
B. furcatum	○	*C. danicus*	◎	*C. pseudocrinitus*	◎
B. hyalinum	○	*C. debilis*	◎	*C. pseudocurvisetus*	◎
B. minus	×	*C. decipiens*	◎	*C. pseudodichaeta*	×
C. aequatorialis	×	*C. diadema*	◎	*C. radicans*	◎
C. affinis	◎	*C. didymus*	◎	*C. rostratus*	×
C. anastomosans	◎	*C. didymus* var. *anglicus*	◎	*C. rotosporus* （培養株）	◎
C. atlanticus	×	*C.* cf. var. *protuberans*	◎	*C. salsugineus*	◎
C. borealis	◎	*C. distans*	◎	*C. seiracanthus*	−
C. brevis	◎	*C. diversus*	△	*C. siamensis*	◎
C. calcitrans （培養株）	◎	*C. eibenii*	◎	*C. similis* （写真のみ）	−
C. castracanei	◎	*C. furcellatus*	△	*C. socialis*	◎
C. cinctus	−	*C. laciniosus*	◎	*C. subtilis*	◎
C. coarctatus	○	*C. lauderi*	◎	*C.* cf. *sub.* var. *abnormis*	○
C. compressus var. *hir.*	◎	*C. lepidus*	△	*C. tenuissimus* （培養株）	◎
C. concavicornis	◎	*C. lorenzianus*	◎	*C. teres*	◎
C. constrictus	◎	*C. messanensis*	○	*C. tetrastichon*	×
C. contortus	◎	*C. minimus*	◎	*C. tortissimus*	◎
C. convoltus	◎	*C. mitra* （写真のみ）	−	*Attheya longicornis*	◎
C. coronatus (RS→VC)	○	*C. muelleri* （写真のみ）	−		

難易度記号意味：◎＝簡単、○＝普通、△＝時間が掛るができた、×＝できない、−＝未対応

その他：休眠胞子形成結果
以下の *Chaetoceros* 属の記載種は、培養により休眠胞子形成を確認しました。

C. anastomosans	*C. contortus*	*C. lauderi*	*C. siamensis*
C. brevis	*C. curvisetus*	*C. didymus*	*C. socialis*
C. compressus var. *hir.*	*C. debilis*	*C. pseudocurvisetus*	*C. teres*
C. constrictus	*C. diadema*	*C. radicans*	

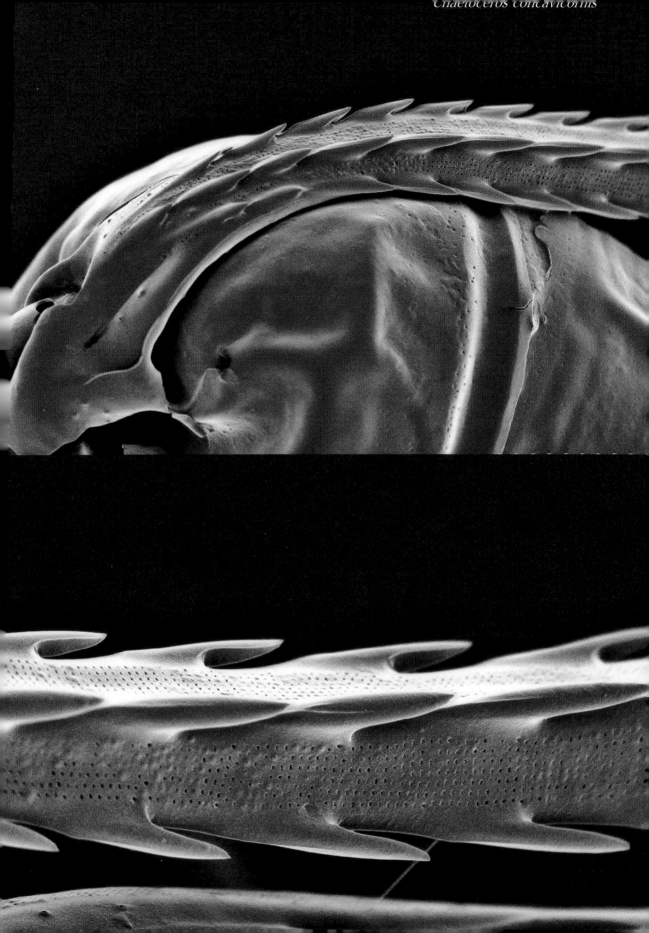
Chaetoceros concavicornis

参考文献

001 Aishah Salleh*, Sarini Ahmad Wakid and Iskandar Shah Bahnan, 2008. Diversity of Phytoplankton Collected During the Scientific Expedition to Pulau Perak, Pulau Jarak and the Sembilan Group of Islands ,Malaysian Journal of Science27,3,P. 33 - 45

002 Atchaneey Chamnansinp, Yang Li , Nina Lundholm, Øjvind Moestrup, 2013. Global diversity of two widespread, colony-forming diatoms of the marine plankton, *Chaetoceros socialis* (syn. *C. radians*) and *Chaetoceros gelidus* sp.,Journal of Phycology 49,6,P.1128-1141

003 Atchaneey Chamnansinp, Øjvind Moestrup, Nina Lundholm, 2015. Diversity of the marine diatom *Chaetoceros* (Bacillariophyceae) in Thai waters –revisiting *Chaetoceros compressus* and *Chaetoceros contortus*, Phycologia54,2,P. 161–175

004 Aurivillius, C.W.S., 1896. Bihang till kongl. Svenska vetenskaps-akademiens handlingar.(tjuguforsta bandet. Afdblning iv.),21,8,P.1-82

005 Bailey, Jacob Whitman, 1854. Notes on new species and localities of microscopical organisms,Smithsonian Contributions to Knowledge 7,3,P.1-15

006 Brightwell, T., 1856. On the filamentous long-horned Diatomaceae, with a description of two new species.,Quarterly Journal of Microscopical Science, London4,,P.105-109

007 Castracane, 1886. Report on the Diatomaceae collected by H.M.S. Challenger during the years 1873-76. In: Report on the Scientific Results of the Voyage of H.M.S. Challenger during the years 1873-76.,Botany - Vol. II. (Murray, J. Eds)2,,P.1-178

008 Chetan C. Gaonkar, Wiebe H. C. F. Kooistra, Carina B. Lange, 2017. Two new species in the *Chaetoceros socialis* complex (Bacillariophyta): *C. sporotruncatus* and *C. dichatoensis*, and characterization of its relatives, *C. radicans* and *C. cinctus*, J. Phycol. 53,,P.889–907

009 Chetan C. Gaonkar, Roberta Piredda, Diana Sarno,etc., 2020. Species detection and delineation in the marine planktonic diatoms *Chaetoceros* and *Bacteriastrum* through metabarcoding: making biological sense of haplotype diversity,Environmental Microbiology43,,P.177–191

010 千原光雄・村野正昭編, 1990. 日本産海洋プランクトン検索図説,東海大学出版会,,

011 P.T.Cleve, 1873. On diatoms from the Arctic Sea.,Bihang till Kongliga Svenska Vetenskaps-Akademiens Handlingar1,13,P.1-28

012 P.T.Cleve, 1873. Examination of diatoms found on the surface of the Sea of Java. ,Bihang till Kongliga Svenska Vetenskaps-Akademiens Handlingar 1,11,P.1-13

013 P.T.Cleve, 1894. Redogörelse för de svenska hydrografiska undersökningarne Åren 1893-1894 under ledning af G. Eckman, O. Pettersson och A. Wijkander. II. Planktonundersökningar, Ciliceoflagellater och Diatomacéer [Including] Contributions to a description of the plankton-flora of Sweden,Bihang till Konkliga Svenska Vetenskaps-Akademiens Handlingar 20,2,P.1-16

014 P.T.Cleve, 1896. Redogörelse för de svenska hydrografiska undersökningarne februari 1896. V. Planktonundersökningar: Vegetabilskt plankton. ,Bihang till Kungliga Svenska Vetenskapsakademiens Handlingar 22,5,P.1-33

015 P.T.Cleve, 1899. Plankton-Researches in 1897. ,Kongliga Svenska-Vetenskaps Akademiens Handlingar 32(7): 1-33.32,7,P.1-33

016 P.T.Cleve, 1901. Plankton from the Indian Ocean and the Malay Archipelago, Kungliga Svenska Vetenskaps-Akademiens Handlingar 35,5,P1-58

017 Astrid Cleve-Euler, 1968. Die diatomeen von schweden und finnland 1,Bibliotheca phycologica5,,P.94-121

018 Dong Yan, Jun Nishioka, etc., 2022. Winter microalgal communities of the southern Sea of Okhotsk: A comparison of sea ice, coastal, and basinal seawater ,Progress in Oceanography204,,

019 Duke, E. L., Lewin, J. & Reimman, B.E.F. 1973. Light and electron microscope studies of diatom species belonging to the genus *Chaetoceros* Ehrenberg. I. *Chaetoceros septentrionale* Oestrup. Phycologia 12: 1–9.

020 Ehrenberg, C.G, 1905. Bericht über die zur Bekanntmachung Geeigneten Verhandlungen der Königl. ,Preuss. Akademie Der Wissenschaften zu Berlin2,2,P.57-97

021 Evensen, D. L. & Hasle, G. R. 1975. The morphology of some *Chaetoceros* (Bacillariophyceae) species as seen in the electron microscopes. In: Proceedings of the Third Symposium on Recent and Fossil Marine Diatoms (Ed. by R. Simonsen), Beihefte zur Nova Hedwigia 53: 153–184.

022 福代康夫、高野秀昭他, 1990. 日本の赤潮生物, 内田老鶴圃,,

023 H.H.Garan, K.Yendo, 1913. Japanese diatoms 1. on *chaetoceros*, Christiania in commission by jacob dybwad1,8,P.1-25

024 Garrison, D. L. 1981. Monterey Bay phytoplankton. II. Resting spore cycles in coastal diatom populations. J. Plankton Res. 3: 137–156.

025 Garrison, D. L. 1984. Plankton diatoms. In: Marine Plankton Life Cycle Strategies (Ed. by K.A. Steidinger and L.M. Walker), pp. 1–14, CBC Press, Florida.

026 Genuario Belmonte, Fernando Rubino, 2019. Resting cysts from coastal marine plankton,Oceanography and Marine Biology 57,,P.1–88

027 Georgia Klein, Irena Kaczmarska, James M. Ehrman, 2009. The diatom *Chaetoceros* in ships' ballast waters –survivorship of stowaways,Acta Botanica Croatica68,2,P.325–338

028 Gran, H.H. 1897. Protophyta: Diatomaceae, Silicoflagellate, and Cilioflagellata. – Den Norske Nordhavs-Expedition 1876–1878, Bot. 24: 1–36.

029 Gran, H.H., 1900. Bemerkungen über einige Plankton-diatomeen. ,Nytt Magasin for Naturvidenskapene38,,P.102-128

030 Gran, H.H. 1908. Diatomeen. – In: Brandt, K. & Apstein, C. (eds), Nordisches Plankton, Botanischer Teil, XIX (Lipsius & Fischer, Kiel). pp. 1–146, 178 figs.

031 Grunow, A., 1863. Über einige neue und ungenügend bekannte Arten und Gattungen von Diatomaceen. ,Verh andlungen der kaiserlich-königlichen zoologisch-botanischen Gesellschaft in Wien13,,P.137-162

032 Guiry, M.D. & Guiry, G.M. 2024. Algae Base. World-wide electronic publication, National University of Ireland, Galway .http://www.algaebase.org; searched on 22 March 2024.

033 Hai Nhu Doan, Lam Nguyen-Ngoc,J acob Larsen, 2014. Diatom genus *Chaetoceros* Ehrenberg 1844 in Vietnamese waters,Nova Hedwigia, Beiheft143,, p. 159–222

034 Paul E.Hargraves And Fred French, 1930. Observations on the Survival of Diatom Resting Spores, Graduate School of Oceanography, University of Rhode Island,,P229-239

035 Paul E. Hargraves, 1979. Studies on Marine Plankuton Diatoms IV. Morphology of *Chaetoceros* Resting Spores,Nova Hedwigia'Beiheft 6464,,P99-120

036 Hargraves, P. E. & French, F. W. 1983. Diatom resting spores: significance and strategies. In: Fryxell, G. A. (ed.) Survival Strategies of the Algae. pp. 49–68. Cambridge University Press, New York.

037 Hasle, R. & Syvertsen, E.E. 1997. Marine diatoms. pp. 5–385. In: Identifying Marine Diatoms and Dinoflagellates (ed. Tomas, C. R.), Academic Press, San Diego.

038 Hernandez-Becerril DU, 1996. A morphological study of *Chaetoceros* species (Bacillariophyta) from the plankton of the Pacific Ocean of Mexico.,Bulletin of the Natural History Museum. Botany series26,1,P.1-73

039 D.U. Hernández-Becerril, 2000. Morphology and taxonomy of three little

040 David U. Hernández-Becerril, 2002. A morphological study of chaetoceros tenuissimus meunier, a little-known planktonic diatom, with a discussion of the section simplicia, subgenus hyalochaete, Diatom Research17,2,P.327–335

041 David U. Hernández-Becerril, 1992. Observations on two closely related species, *Chaetoceros tetrastichon* and *C. dadayi*, Nordic. Journal.of Botany. - Section of Pphycology12,3,P.365-371

042 廣瀬孝太郎、後藤敏一、大谷修司, 2014. 宍道湖・中海水系の微細珪藻1. *Chaetoceros minimus* (Levander) D.Marino et al. の形態と分類, Diatom30,,P.179–189

043 Hoppenrath, Elbrachter & Drebes, 2009. Marine Phytoplankton, Schweizerbart Sche Vlgsb,,

044 Friedrich Hustedt, 1930. Kryptogamen-Flora (Hustedt)1.Teil,Die Kieselalgen6,,P.600-766

045 Kazuhiko Ichimi, Tomohiko Kawamura, Akinori Yamamoto, Kuninao Tada, Paul J. Harrison, 2012. Extremely high growth rate of the small diatom *Chaetoceros salsugineum* isolated from an estuary in the eastern seto inland sea, japan,Phycological Society of America 48,5,P.1284-1288

046 井狩 二郎, 1918. On the Formation of Auxospores and Resting Spores of *Chaetoceras teres*,CLEVE.,The botanical magazine, tokyo-35,,P.223-228

047 井狩二郎 1925. *Chaetoceras Eibienii*, Grunニ就テ. 植物学雑誌39: 52–59.

048 井狩 二郎, 1926. On some *Chaetoceras* of Japn. I.,The botanical magazine, toky60,478,P.517-534

049 井狩 二郎, 1928. On some *Chaetoceras* of Japn. II.,The botanical magazine, toky62,497,P.247-262

050 今井一郎・板倉茂・伊藤克彦,1990. 播磨灘および北部広島湾の海底泥中における珪藻類の休眠胞子の分布,沿岸海洋研究ノート　28,1,P.75-84

051 井上雅彦,菅波昌広, 2012. 走査電子顕微鏡を用いた水生微生物観察のための簡易試料前処理法, Journal of Surface Analysis19,2,P.81－84

052 Ishii, K-I., Iwataki, M., Matsuoka, K. & Imai, I. 2011. Proposal of identification criteria for resting spores of *Chaetoceros* species (Bacillariophyceae) from a temperate coastal sea. Phycologia 50: 351-362.

053 石井健一郎, 澤山, 中村, 石川輝, 今井一郎，2014. 伊勢湾海底堆積物中に観察された珪藻類休眠期細胞の種同定,藻類 Jpn. J. Phycol. (Sôrui)62,,P.79-87

054 石井一郎, 神川龍馬, 石川輝, 澤山茂樹, 今井一郎, 宮下英明 2015. 珪藻類の休眠期細胞を利用した応用科学. 遺伝 69: 421-430.

055 Ishii, K-I. 2017. Morphology and species identification of *Chaetoceros* species (Bacillriophyceae). Perspective in Phycology 4: 61-71.

056 Ishii, K-I., Matsuoka, K., Ichiro, Imai. & Ishikawa, Akira. 2022. Life cycle strategies of the centric diatoms in a shallow embayment revealed by the Plankton Emergence Trap/Chamber (PET Chamber) experiments. Frontiers in Marine Science. Vol. 9:1-15.

057 板倉茂, 山口峰生, 今井一郎 1993. 培養条件下における浮遊性珪藻 *Chaetoceros didymus* var. *protuberans* の休眠胞子形成と発芽. 日水誌 59: 807–813.

058 板倉茂, 今井一郎, 1994. 1991年夏季播磨灘の海況と表層水中のおける浮遊性珪藻類*Chaetoceros* 休眠胞子の分布,水産海洋研究

059 Itakura, S., Imai, I. & Itoh, K. 1997. "Seed bank" of coastal planktonic diatoms in bottom sediments of Hiroshima Bay, Seto Inland Sea, Japan. Mar. Biol. 128: 497-508.

060 板倉茂 2000. 沿岸性浮遊珪藻類の休眠期細胞に関する生理生態学的研究. 瀬戸内水研報 2: 67－1130.

061 板倉茂, 長崎慶三他, 2012. 沿岸域海底泥中に存在する珪藻類休眠期細胞の凍結耐性,北海道大学水産科学研究彙報62,1,p.15-19

062 Shouei Iwade ,et. Koji Suzuki. 2006. Effect of high iron concentrations on iron uptake and growth of a coastal diatom *Chaetoceors sosiale*.,Aquatic microbial Ecology 43,,P.177-191

063 Jensen, K.G. & Moestrup, Ø. 1998. The genus *Chaetoceros* (Bacillariophyceae) in inner Danish coastal waters. Opera Botanica 133: 5 –68.

064 José A. Aké-Castillo Sandra Luz Guerra-Martí;nez Maria Eugenia Zamudio, 2004. Observations on Some Species of *Chaetoceros* (Bacillariophyceae) with Reduced Number of Setae from a Tropical Coastal Lagoon, Hydrobiologia 524,(1):,203-213

065 鎌谷明善,奥修　他, 2000. 相模湾における栄養塩類の分布と消長,日本水産學會誌66,1,P.70-79

066 G. Karsten., 1907. Das Phytoplankton des Antarktisehen Meeres nach dem Material der deutsehen Tiefsee-Expedition,Wissenschaftliche ergebnisse der deutschen tiefsee-expedition auf dem dampfer „valdivia" 1898-18992,2,P.221-548

067 加藤元・岡内正典他, 2004. 珪藻類 キートセロス属2種 の濃縮技術 の開発 と 濃縮細胞の再生,水産増殖52,3,P.231-237

068 河地正伸, 2015. 海産微細藻類の採集から培養株確立と標本作成, Bun-rui15,1,P.67-74

069 小久保 清治,1960. 浮遊珪素類, 恒星社厚生閣,,

070 Kooistra, W.H., Sarno, D., HernÁndez- Becerril, D. U., Assmy, P., Prisco, C. D. & Montresor, M. 2010. Comparative molecular and morphological phylogenetic analyses of taxa in the Chaetocerotaceae (Bacillariophyta). Phycologia 49: 471-500.

071 Kuwata, A. & Takahashi, M. 1990. Life-form population responses of a marine planktonic diatom, *Chaetoceros pseudocurvisetus*, to oligotrophication in regionally upwelled water. – Marine Biology 107: 503-512.

072 A. Kuwata, T. Hama, M. Takahashi , 1993. Ecophysiological characterization of two life forms, resting spores and resting cells, of a marine planktonic diatom, *Chaetoceros pseudocurvisetus*, formed under nutrient depletion ,Marine ecology progress series102,,P.245-255

073 Lauder, H.S, 1864. Remarks on the marine Diatomaceae found at Hong Kong, with descriptions of new species. ,Transactions of the Microscopical Society of London, New Series 12: .12,,P.75-79

074 Lee, S.D., Park, J.S., Yun, S.M. & Lee, J.H. 2014a. Critical crite- ria for identification of the genus *Chaetoceros* (Bcillariophyta) based on the setae ultrastructure. I. Subgenus *Chaetoceros*. – Phycologia 53: 174–187.

075 Malviya, S., Scalco, E., Audic, S., Veluchamy, A., Bittner, L., Vincent, F., Poulain, J., Wincker, P., Iudicone, D., De Vargas, C., Zingone, A. & Bowler, C. 2016. Insights into global diatom distribution and diversity in the world's ocean. – Proc. Natl. Acad. Sci. U.S.A. doi: 10.1073/pnas.1509523113., S.D., Joo, H.M. & Lee, J.H. 2014b. Critical criteria for iden- tification of the genus *Chaetoceros* (Bcillariophyta) based on the setae ultrastructure. I. Subgenus Hyalochaete. – Phycologia 53: 614–638.

076 M. L. Mangin., 1910. Sur quelques algues nouvelles ou peu connues du phytoplancton de l'Atlantique. ,Bulletin de la Société Botanique de France57,,P.344-350

077 L.A.Mangin, 1917. De l'académie des sciences (tome cent-soix-ante-quatrieme), C.r.hebd. Seanc.Acad.Sci.,Paris164,,P.770-774

078 Margaret Thorrington-Smith , 1969. Descriptions of two new diatoms From the south west indian ocean,Nova Hedwigia,18,2-4,p. 827–830

079 McQuoid, M. R. & Hobson, L. A. 1996. Diatom resting stages. J. Phycol. 32: 889–902

080 Meunier, A., 1914. Microplancton de la mer Flamande. 1ére Partie. Le genre *Chaetoceros* Ehr. ,Mémoires du Musée Royal d'Histoire Naturelle de Belgique7,2,P.1-58

081 三宅泰雄, 猿橋勝子他, 1990. 海水 中のケイ素について,日本海水学 会誌 第44巻 第6号(1990)44,6,P.374-379

082 森 史, 2019. NIES コレクションにおける微細藻類の凍結保存法による保存体制の確立,Microb. Resour. Syst.35,2,P.43-50

083 南雲保,真山茂樹, 2000. 珪藻類の分類と系統,月刊　海洋/号外21,,P.35-45

084 南雲保,鈴木秀和・佐藤晋也, 2018. 珪藻観察図鑑, 誠文堂新光社,,

085 Normawaty Mohammad Noor etc., 2013. Diversity of phytoplankton in coastal water of Kuantan, Pahang, Malaysia,Malaysian Journal of Science32,1,P.29-37

086 岡村 金太郎,1907. Some Chaetoceras and Peragalla of Japan,The Botanical magazine .Vol.xxi,144,P.89-108

087 奥 修, 1996. 浮遊珪藻の休眠胞子形成と代謝物質に関する研究, TUM-SAT-OACIS Repository - Tokyo University of Marine Science and Technology ,,

088 Oku, O. & Kamatani, A. 1995. Resting spore formation and phosphorus composition of the marine planktonic diatom *Chaetoceros pseudocurvisetus* under various nutrient conditions. Mar. Biol. 123: 393-399.

089 Oku, O. & Kamatani, A. 1997. Resting spore formation of the marine planktonic diatom *Chaetoceros pseudocurvisetus* induced by high salinity and nitrogen depletion. Mar. Biol. 127: 515-520.

090 Oku, O. & Kamatani, A. 1999. Resting spore formation and biochemical composition of the marine planktonic diatom *Chaetoceros pseudocurvisetus* in culture: ecological significance of decreased nucleotide content and activation of the xanthophylls cycle by resting spore formation. Mar. Biol. 135: 425-436.

091 Ostenfeld, C.H., 1901. Iagttagelser over Plankton-Diatomeer. ,Nyt Magazin for Naturvidenskaberne 39,,P.287-302

092 Ostenfeld, C.H., 1903. Marine plankton diatoms. In: Flora of Koh Chang. Contributions to the knowledge of the vegetation in the Gulf of Siam by Johs. Schmidt.,Schmidt. Part VII. Botanisk Tidsskrift25,1,P.219-245

093 Ostenfeld, C.H. 1903. Phytoplankton from the sea around the Faeroes. – In: Warming E. (ed.), Botany of the Faeroes 2: 558–611.

094 Oyama, K., Yoshimatsu, S., Honda, K., Abe, Y. & Fujisawa, T. 2008. Bloom of a large diatom *Chaetoceros densus* in the coastal area of Kagawa Prefecture from Harima-Nada to Beisan- Seto, the Seto Island Sea, in February 2005: environmental fea- tures during the bloom and influence on Nori Porhyra yezoensis cultures. – Nippon Suisan Gakkaishi. 74: 660–670 (in Japanese with English abstract).

095 Ove Vilhelm Paulsen, 1905. 0n some peridine ae and plankton diatoms,Meddelelser fra kommissionen for havundersogelser serie: plankton1,3,P.5-7

096 G.C.Pitcher, 1990. Phytoplankton Seed Populations of the Cape Peninsula Upwelling Plume, with Particular Reference to Resting Spores of *Chaetoros*(Bacillariophyceae)and their Role in Seeding Upwelling Waters,Estuarine,Coastal and Shelf Science31,,P.283-301

097 Rines, J. E. B. & Hargraves, P. E. 1988. The *Chaetoceros* Ehrenberg (Bacillariophyceae) flora of Narragansett Bay, Rhode Island, U.S.A. Bibliotheca Phycologica 79: 1–196.

098 Rines, J.E.B & P.E. Hargraves, 1993. An investigation of the morphology, taxonomy and life history of *Chaetoceros crucifer* Gran(Bacillariophyceae),Nova Hedwigia106,,P169-183

099 Rines, J.E.B, 1999. Morphology and Taxonomy of *Chaetoceros contortus* Schiitt 1895,with Preliminary Observations on *Chaetoceros compressns* Lauder 1864,Botanica Marina42,,pp.539-551

100 Rines, J.E.B. & Theriot, E.C. 2003. Systematics of Chaetocerotaceae (Bacillariophyceae). I. A phylogenetic analysis of the family. – Phycological Research 51: 83–98.

101 F.E.Round, R.M.Crawford, D.G.Mann, 1990. The diatom, biology & morphology of the genera,,,

102 Sang Deuk Lee, Jin Hwan Lee, 2011. Morphology and taxonomy of the planktonic diatom *Chaetoceros* species (Bacillariophyceae) with special intercalary setae in Korean coastal waters,ALGAE 26,2,P.153-165

103 Sang Deuk Lee, Hyoung Min Joo, Jin Hwan Lee, 2014. Critical criteria for identification of the genus *Chaetoceros* (Bacillariophyta) based on setae ultrastructure. II. Subgenus Hyalochaete, Phycologia53,6,P.614-63

104 Tadashi Sasaki, 2021. Trial of stable outdoor mass culture of *Chaetoceros calcitrans*,Aquacult. Sci.69,1,P.55-69

105 佐藤 重勝・菅野 尚, 1967. 中心目珪藻"*Chaetoceros simplex* var. *calcitrans* PAULSEN 培養個体群の増大胞子相への同調,東北水研研究報告 27,,P.101-110

106 Franz Schutt, 1895. Arten von *Chaetoceros* und Peragallia. Ein Beitrag zur Hochseeflora. ,Berichte der Deutsche Botanisch Gesellschaft 13,,P.35-50

107 Seyfettin Tas, David Uriel Hernández Becerril, 2017. Diversity and distribution of the planktonic diatom genus *Chaetoceros* (Bacillariophyceae) in the Golden Horn Estuary (Sea of Marmara), Diatom Research32,3,P.309-323

108 Shadboldt, G., 1853. A short description of some new forms of Diatomaceae from Port Natal. ,Transactions of the Microscopical Society of London, New Series 2,,P.13-18

109 Olga G. Shevchenko, Tatiana Yu. Orlova1 and David U. Hernández-Becerril2, 2006. The genus *Chaetoceros* (Bacillariophyta) from Peter the Great Bay, Sea of Japan Botanica Marina 49,,P.236–258

110 Olga Shevchenko, T. Yu. Orlova, 2010. Morphology and ecology of the bloom-forming diatom *Chaetoceros contortus* from Peter the Great Bay, Sea of Japan,Russian Journal of Marine Biology 36,4,P:243-251

111 塩本 明弘, 2011. 晩春から初秋の知床半島沿岸における植物プランクトン現存量と生産力：オホーツク海側と根室海峡側の比較,沿岸海洋研究49,1,P.37-48

112 Akihiro Shiomoto, kosuke lnoue, 2020. Seasonal variations of size-fractionated chlorophyll a and primary production in the coastal area of Hokkaido in the Okhotsk sea,Research Article2,,

113 Shruti Malviyaa, Eleonora Scalco etc., 2016. Insights into global diatom distribution and diversity in the world's ocean,Proceedings of the National Academy of Sciences of the United States of America(PNAS)E,,P.1516-1525

114 Smayda, T.J. 2006. Harmful algal bloom communities in Scottish coastal water: relationship to fish farming regional comparisons – a review. Paper 2006/3. Scottish Executive, Scottish Environmental Protection Agency; Stirling, UK., pp. 1–166.

115 Koji Sugie, Kenshi Kuma, 2008. Resting spore formation in the marine daitom *Tharassiosira nordenskioeldii* under iron-and nitrogen-limitec conditions,Journal of plankton research 30,11,P.1245-1255

116 Sunčica Bosak, 2015. Morphological study of *Chaetoceros wighamii* Brightwell (Chaetocerotaceae, Bacillariophyta) from Lake Vrana, Croatia,Acta Bot. Croat.74,2,P.1-12

117 Sunčica Bosak & Diana Sarno, 2017. The planktonic diatom genus *Chaetoceros* Ehrenberg (Bacillariophyta) from the Adriatic Sea,Phytotaxa314,1,P.1–44

118 Inés Sunesen1, David U. Hernández-Becerril2 and Eugenia A. Sar, 2008. Marine diatoms from Buenos Aires coastal waters (Argentina).V. Species of the genus *Chaetoceros*,Journal of Marine Biology and Oceanography 43,2,P.303-326

119 Suto, I. 2003a. Taxonomy of the marine diatom resting spore genera Dicladia Ehrenberg, Monocladia gen. nov. and Syndendrium Ehrenberg and their stratigraphic significance in Miocene strata. Diatom Res. 18: 331–356.

120 Suto, I. 2003b. *Periptera tetracornusa* sp. nov., a new middle Miocene diatom resting spore species from the North Pacific. Diatom 19: 1–7.

121 鈴木秀和・南雲保, 2013. 珪藻類の分類体系(総説)　　～現生珪藻の属ランクのチェックリスト,日本プランクトン学会報60,2,P.60-79

122 鈴木款、大西,由香他, 2001. 海洋による二酸化炭素の吸収：植物プランクトンの役割,日本プランクトン学会報48,2,P.22-33

123 Keigo D. Takahashi・Ryosuke Makabe etc., 2022. Phytoplankton and ice-algal communities in the seasonal ice zone during January (Southern Ocean, Indian sector),Journal of Oceanography 78,,P.409-424

124 高野 秀昭, 1981. Notes on Twisting of Diatom Colonies,東北水研報 104,,

125 高野 秀昭, 1983. New and Rare Diatoms from Japanese Marine Waters-X．A New *Chaetoceros* Common in Estuaries,東海区水産研究所研究報告110,, P.1-11

126 Shintaro Takao, Shin-Ichiro Nakaoka, etc., 2020. Effects of phytoplankton community composition and productivity on sea surface pCO2 variations in the Southern Ocean,Deep-Sea Research PART1160,,

127 Keisuke Tezaki, Megumi Saito-Kato etc., 2021. Checklisto of planktonic diatoms in the coastal waters of western japan,National Museum of Nature and Science Monographs 52,,P.66-92

128 Carmelo R. Tomas, 1996. Identifying Marine Diatom and Dinoflagellates,Academic Pres,,

129 Kensuke Toyoda,Keizo Nagasaki, etc., 2011. PCR-RFLP Analysis for Species-Level Distinction of The Genus *Chaetoceros* Ehrenberg (Bacillariophyceae),Hiyoshi Review of Natural Science Keio University50,,P.21-29

130 Chiko Tsukazaki, ken-ichiro Ishii, kohei Matsuno, Atsushi Yamaguchi, Ichiro Imai, 2019. Distribution of viable resting stage cells of diatoms in sediments and water columns of the Chukchi Sea, Arctic Ocean,-Oceanography and Marine Biology57,4,P.440–452

131 Van Heurck, H., 1882. Synopsis des Diatomées de Belgique Atlas pls. ,Atlas. pp. pls ,,P.78-132

132 Xiao Jing Xu,Zuo Yi Chen,Nina Lundholm etc., 2018. Revisiting *Chaetoceros subtilis* and *C. subtilis* var. *abnormis* (Bacillariophyceae), reinstating the latter as *C. abnormis*, Phycologia57,6,P.659-673

133 Xudan Lu, Zuoyi Chen, David Uriel Hernández-Becerril, Nina Lundholm , 2023. Taxonomy and phylogeny of *Chaetoceros* species of the section Stenocincta (Bacillariophyceae), with emendation of C. affinis and C. willei and description of three new species,Phycologia 62, Issue 5,

134 山田徹生、兼松正衛, 2017. 冬季における浮遊珪藻*Chaetoceros neogracile* 市販濃縮製品を元株とした低コスト大量培養法,Journal of Fisheries Technology9,1,P.1-8

135 Haruo Yamaguchi・Narumi Sumida・etc., 2023. Establishment of a simple method for cryopreservation of the marine diatoms, *Chaetoceros* and Phaeodactylum,Journal of Applied Phycology35,,P.2285-2293

136 山路 勇, 1984. 日本海洋プランクトン図鑑　第3版,保育社,,

137 Yang Li & Nina Lundholm, 2013. *Chaetoceros rotosporus* sp. nov. (Bacillariophyceae), a species with unusual resting spore formation,-Phycologia52,6,P.600-608

138 Yang Li(Atchaneey Boonprakob…, 2017. Diversity in the Globally Distributed Diatom Genus *Chaetoceros* (Bacillariophyceae): Three New Species from Warm-Temperate Waters,PLoS ONE12,1,P.1-38

検索表

No.	種名	ページ
1	*Bacteriastrum comosum*	32-33
2	*Bacteriastrum delicatulum*	34-35
3	*Bacteriastrum elongatum*	36-37
4	*Bacteriastrum furcatum*	38-39
5	*Bacteriastrum hyalinum*	40-41
6	*Bacteriastrum minus*	42-43
7	*Chaetoceros aequatorialis*	44-45
8	*Chaetoceros affinis*	46-47
9	*Chaetoceros anastomosans*	48-49
10	*Chaetoceros atlanticus*	50-51
–	*Chaetoceros* sp. (cf. *atlanticus* var.) 南大洋	9
11	*Chaetoceros borealis*	52-53
12	*Chaetoceros brevis*	54-55
–	*Chaetoceros bulbosus* 南大洋	9
13	*Chaetoceros calcitrans* (ヤンマー株)	142
14	*Chaetoceros castracanei*	74
15	*Chaetoceros cinctus*	144
16	*Chaetoceros coarctatus*	56-57
17	*Chaetoceros compressus* var. *hirtisetus*	58-59
18	*Chaetoceros concavicornis*	60-61
19	*Chaetoceros constrictus*	62-63
20	*Chaetoceros contortus*	64-65
21	*Chaetoceros convolutus*	66-67
22	*Chaetoceros coronatus*	68-69
23	*Chaetoceros costatus*	70-71
24	*Chaetoceros curvisetus*	72-73
25	*Chaetoceros dadayi*	139
26	*Chaetoceros danicus*	74-75
27	*Chaetoceros debilis*	76-77
28	*Chaetoceros decipiens*	78-79
29	*Chaetoceros densus*	80-81
30	*Chaetoceros denticulatus*	82-83
31	*Chaetoceros diadema*	84-85
–	*Chaetoceros dichaeta* 南大洋	9
32	*Chaetoceros didymus*	86
33	*Chaetoceros didymus* var. *anglicus*	87
34	*Chaetoceros* sp. (cf. *protuberans*)	87
35	*Chaetoceros distans*	87-89
36	*Chaetoceros diversus*	90-91
37	*Chaetoceros eibenii*	92-93
38	*Chaetoceros furcellatus*	94-95
39	*Chaetoceros laciniosus*	96-97
40	*Chaetoceros lauderi*	98-99
41	*Chaetoceros lepidus*	100-101
42	*Chaetoceros lorenzianus*	102-103
43	*Chaetoceros messanensis*	104-105
44	*Chaetoceros minimus*	106-107
45	*Chaetoceros mitra*	103
46	*Chaetoceros muelleri*	145
47	*Chaetoceros neogracilis*	143
48	*Chaetoceros paradoxus*	108-109
49	*Chaetoceros peruvianus*	110-111
50	*Chaetoceros pseudocrinitus*	112-113
51	*Chaetoceros pseudocurvisetus*	114-115
52	*Chaetoceros pseudodichaeta*	116-117

No.	種名	ページ
53	*Chaetoceros radicans*	118-119
54	*Chaetoceros rostratus*	120-121
55	*Chaetoceros rotosporus*	122-123
56	*Chaetoceros salsugineus*	124-125
57	*Chaetoceros seiracanthus*	126-127
58	*Chaetoceros siamensis*	128-129
59	*Chaetoceros similis*	145
60	*Chaetoceros socialis*	130-131
61	*Chaetoceros subtilis*	132-133
62	*Chaetoceros* sp. (cf. *subtilis* var. *abnormis*)	133
63	*Chaetoceros tenuissimus*	134-135
64	*Chaetoceros teres*	136-137
65	*Chaetoceros tetrastichon*	138-139
66	*Chaetoceros tortissimus*	140-141
67	*Chaetoceros vanheurckii* (*constrictus* 参照)	62
68	*Attheya longicornis*	146-147

項目	読み	章
18S	18	3章-4
28S	28	3章-4
AlgaeBase	AlgaeBase	見方
Hyalocaete(明脚亜属)	Hyalocaete	1章-4
NCBI	NCBI	見方
Phaeoceros(暗脚亜属)	Phaoceros	1章-4
Round(1990)	Round	1章-2
Simonsen(1979)	Simonsen	1章-2
Synonym	Synonym	見方
位相差観察	いそうさかんさつ	3章-2
羽状類	うじょうるい	1章-1
栄養細胞	えいようさいぼう	1章-6
エーレンベルク	えーれんべるく	1章-2
円心類	えんしんるい	1章-1
遠藤 吉三郎	えんどうきちざぶろう	1章-2
ウェルプレート	うぇるぷれーと	3章-3
加速電圧	かそくでんあつ	3章-2
休眠胞子	きゅうみんほうし	1章-5, 2章-6
グルタールアルデヒド溶液	ぐるたーるあるでひどようえき	3章-1
蛍光観察	けいこうかんさつ	3章-2
系統樹	けいとうじゅ	3章-4
採水法	さいすいほう	3章-1
ザハリヤスヤンセン	ざはりやすやんせん	1章-2
刺毛	しもう	1章-4, 2章-5
シャドポルト	しゃどぽると	1章-2
食物連鎖	しょくもつれんさ	1章-1
生物顕微鏡	せいぶつけんびきょう	3章-2
SEM 試料	せむしりょう	3章-2
走査型電子顕微鏡(SEM)	そうさがたでんしけんびきょう	3章-2
高野 秀樹	たかのひであき	1章-2
地球温暖化	ちきゅうおんだんか	1章-1
チャージアップ	ちゃーじあっぷ	3章-2
ツァイス	つぁいす	1章-2
透過型電子顕微鏡(TEM)	とうかがたでんしけんびきょう	3章-2
倒立顕微鏡	とうりつけんびきょう	3章-2
ネット法	ねっとほう	3章-1
バイオマス	ばいおます	1章-1
培地	ばいち	3章-3
培養バイアル	ばいようばいある	3章-3
微分干渉観察	びぶんかんしょうかんさつ	3章-2
付着性	ふちゃくせい	1章-1
浮遊性	ふゆうせい	1章-1
プランクトンネット	ぷらんくとんねっと	3章-2
ブルーム	ぶるーむ	1章-1, 3章-3
ポアフィルター	ぽあふぃるたー	3章-2
ホルマリン固定	ほるまりんこてい	3章-1
明視野観察	めいしやかんさつ	3章-2
メンブレンフィルター	めんぶれんふぃるたー	3章-2
ライツ	らいつ	1章-2
ルゴール液	るごーるえき	3章-1
レーベンフック	れーべんふっく	1章-2
ロバートフック	ろばーとふっく	1章-2

謝辞

本書の執筆にあたり、数多くの方々にご協力、ご支援を戴きました。
まずは、全国の特定地域より海水サンプルを採集お送りいただきました、企業や個人の皆様
また電顕等の貸与を戴きました大学の方々、顕微鏡写真や特定種の情報、株の分譲
遺伝子解析に関してご指導、ご提供いただきました方々に心より感謝申し上げます。

【1】 生サンプル、培養サンプルの提供
① 紋別市産業部水産課　片倉 靖次 博士(オホーツク海サンプル)
② 岩国市ミクロ生物館　末友 靖隆 館長、大野様(瀬戸内海サンプル)
③ 公益財団法人　島根県環境保健公社　佐藤 紘子様(宍道湖・中海サンプル)
④ 鹿児島県熊毛郡屋久島町　山口 莉奈様(屋久島沿岸サンプル)
⑤ 国立研究開発法人　水産研究・教育機構 水産資源研究所(塩釜庁舎)
　　桑田 晃 博士(*Chaetoceros furcellatus* 含む釧路沖サンプル)
⑥ 国立研究開発法人 水産研究・教育機構 水産技術研究所(廿日市庁舎)
　　外丸 裕司 博士(*Chaetoceros setoensis* 培養株(国立環境研究所)
⑦ 高知大学農林海洋科学部 水族環境学研究室
　　山口 晴生 准教授(*Chaetoceros rotosporus, Chaetoceros tenuissimus* 培養株)
⑧ ヤンマーマリンインターナショナルアジア株式会社海洋バイオ部
　　寺井 しま様(*Chaetoceros gracilis, Chaetoceros calcitrans* 培養株)
⑨ 日本シジミ研究所　中村 幹雄 博士、　湯淺 もと様(宍道湖サンプル)

【2】 電顕(SEM)技術指導・貸与
本研究(刺毛超微細画像撮影)は、北海道大学 電子科学研究所所有の日立SU-8230を使い、文部科学省マテリアル先端リサーチ事業課題 (課題番号JPMXP1223HK0027) として北海道大学の支援を受けて実施されました。走査電子顕微鏡解析において、北海道大学電子科学研究所の森 有子様に大変お世話になり深く感謝いたします。

【3】 その他SEM貸与施設
① 東京農業大学　地域環境科学部　電子顕微鏡室　矢口 行雄 教授(日立S-4800)
② 富山大学　研究推進機構　研究推進総合支援センター
　　自然科学研究支援ユニット機器分析施設　小野 恭史 准教授
③ 北見工業大学工学　地球環境工学科　渡辺 眞次 教授

【4】 特定種に関しての情報や画像の提供
① 権田 基様　杉島 英樹様　堀江 啓史様(画像の提供と種の情報)
② 北海道大学 大学院地球環境科学研究院　鈴木 光次 教授(休眠胞子の培養・生成)
③ 東京海洋大学 学術研究院　鈴木 秀和 教授(珪藻類全般)
④ 島根大学名誉教授　大谷 修司 先生(*Chaetoceros subtilis, Chaetoceros minimus*)
⑤ 兵庫県立大学　自然・環境科学研究所　廣瀬 孝太郎 准教授 (*Chaetoceros minimus*)
⑥ 香川大学農学部　一見 和彦 教授(*Chaetoceros salsugineus*)
⑦ ミクロワールドサービス　奥 修 代表(博士)(珪藻休眠胞子形成、顕微鏡観察)
⑧ 東京農業大学　自然資源経営学科　塩本 明弘 名誉教授(オホーツク水圏環境/栄養塩類)
⑨ 北海道大学 北方生物圏フィールド科学センター 日本学術振興会特別研究員
　　高橋 啓伍 博士 (南極海、南大洋の珪藻)
⑩ Dr. Ruth Eriksen Taxonomist
　　Australian National Algae Culture Collection NCMI / CSIRO

【5】 遺伝子解析に関する方法や助言
① 国立研究開発法人　水産研究・教育機構 水産技術研究所　環境応用部門
　　沿岸生態システム部　長井 敏 博士
② 元千葉大学真菌医学センター　横山 耕治 博士

【6】 本書は、実際に現場調査を行っている研究者へのヒアリングや意見交換をもとに、情報の整理と本書の構成を行いました。各都道府県の水産試験場や国立の水産研究所の皆様に感謝申しあげます。特に、北海道総合研究機構 函館水産試験場の夏池真史氏と国立研究開発法人 水産研究・教育機構 水産資源研究所の桑田晃氏には貴重なご意見を賜りましたこと、心よりお礼申しあげます。

おわりに

　日本産キートケロス図鑑として本書をまとめましたが、まだまだ足りない種や解らない事が沢山あります。おそらくこれだけの種類がいる本科の全貌を全てまとめるには、何処までやったら良いのかと言う制限はありません。

　研究を始めると切りがなく、問題点や不明点が次から次へと出てきます。どこかで切らなければまとめる事ができません。道半ばではありますが、なんとかまとめることができたのはご協力頂いた様々な方々のお陰です。

　我々の会社は、プランクトン他の分析屋ですので、スタッフにもよりますが分析する検体数は年間で1,000〜1,500検体以上/1人を越え、結果をまとめて報告しています。

　それが仕事なので当然と言えば当然ですが、専門家の水産試験場や水産研究所、大学の先生方よりおそらく検鏡の頻度は高いと思います。そして多数の分析結果の中には、ほんとにこの種で良かったのか？良くわからなかったので*Chaetoceros* sp. 標記で記載してしまったが。。。と後悔の残るサンプルや後ろ髪の引かれる状態で客先へ提出してしまった事がいくつもあります。

　私は、61歳の時の1月に会社で昼過ぎに、大動脈解離で倒れ、救急車で病院に運ばれ、三途の川を渡る寸前で現世へ戻る事ができました。この事により、人間は「いつ死ぬか分からない」、「いつ死んでもおかしく無い」と思うようになり、この年で死に直面すると後悔・未練が膨れ上がり、手術台に乗せられた時、絶対死ぬものか、死んでたまるか！と思った事が、生還した理由かもしれません。

　そして、もし今世に戻る事ができたなら、残り少ない人生なので、本当に自分のやりたい事をやってから死にたい、と強く思うようになったのがきっかけで、この本ができました。

　その手術により、胸を空けたため、掠れた声しか出なくなりましたが、カラオケが歌えなくなった程度で、大変辛かったのですが、良い経験ができたと思いました。

　人間いつ死ぬか分からない、大変難しい事ですが、死の直前に「後悔の無い人生を送れたか？」と考えると、生きている間は、精一杯頑張って人生を送らないと勿体無い、と思うようになりました。

　キートケロスのような超極小の生物達が集まれば他の生物や地球にとって大きな役割を果たすよう、この本を手にした皆様も一日一日を大切にしていただき、小さな事を積み重ねて大きな成果や成功に近づけられることを勝手ながら心より願っております。

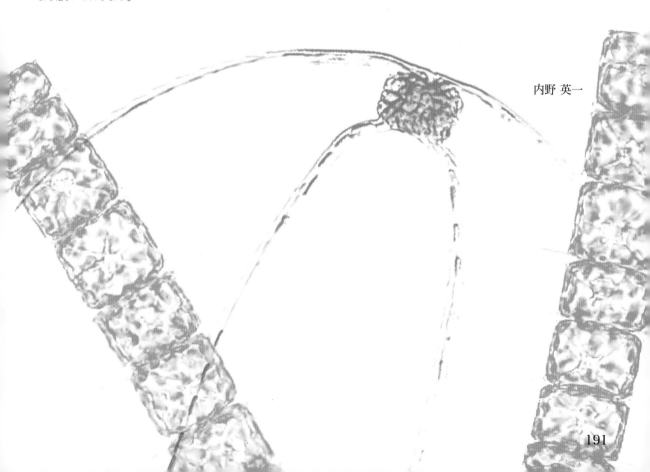

内野 英一

執筆者紹介

内野 英一	基礎知識、図鑑、調査・分析方法 (第1章1〜3項及び6項、第2章1〜5項、第3章1〜3項及び5項)
関 将史	遺伝子解析 (第2章の各種遺伝子データ及び6項、第3章4項)
石井 健一郎	形態、生活史、検索表及び図版 (第1章4&6項、第2章1&2項)

図版構成

(第2章項)　　堤 孝之、小島 崇広、岩木 博之、中井 駿、柾 一史

※この書籍を引用する場合には次のように表記して下さい。

内野 英一・関 将史・石井 健一郎(編著) 2024 日本産キートケロス図鑑, ページ番号, 誠文堂新光社、東京.

監修者情報

今井 一郎(いまい いちろう) 1953年 大分県生まれ 現在:北海道大学名誉教授 瀬戸内海広域漁業調整委員会 会長 有害有毒プランクトンの生物学と生態学に基づくブルームの発生機構、予知、予防、防除、他アオコの発生防除。	松岡 數充(まつおか かずみ) 1948年 京都府生まれ 現在:長崎大学名誉教授・理学博士 植物プランクトンの一員である渦鞭毛藻の化石を用いて環境の変化や進化の過程を知ることを研究課題としている。

日本産　キートケロス図鑑
地球で最もCO₂を吸っているのは誰だ!?

2025年3月24日　発行　　　　　　　　　　　　　　　　　NDC468.6

著者	株式会社プラントビオ https://www.plantbio.com/
編著	石井 健一郎 (株式会社シードバンク) https://microalgae-seedbank.com/
監修	今井 一郎、 松岡 數充
装幀	松村 創 (Pineviillage Creations)
発行者	小川雄一
発行所	株式会社　誠文堂新光社 〒113-0031　東京都文京区本郷3-3-11 https://www.seibundo-shinkosha.net/
印刷・製本	文化堂印刷株式会社 https://bunkado.jp/

©PlantBio / Uchino Eiichi 2025　　　　　　　　　Printed in Japan

本書掲載記事の無断転用を禁じます。

落丁本・乱丁本の場合はお取り替えいたします。

本書の内容およびQRコードに関するお問い合わせは、株式会社プラントビオのホームページから、お問い合わせフォームをご利用ください。

[JCOPY] <(一社) 出版社著作権管理機構　委託出版物>

本書を無断で複製複写(コピー)することは、著作権法上での例外を除き、禁じられています。本書をコピーされる場合は、そのつど事前に、(一社)出版社著作権管理機構(電話03-5244-5088 / FAX03-5244-5089 / e-mail : info@jcopy.or.jp)の承諾を得てください。

ISBN978-4-416-92419-8